Zeitreisen

In
einfachen Worten
zusammengefasst

2023

Inhaltsverzeichnis

Vorwort

Willkommen zu einer aufregenden Reise durch die Tiefen der Zeit und Raum! Dieses Buch lädt Sie ein, in die faszinierende Welt der Zeitreisen einzutauchen und die Geheimnisse zu erkunden, die sie seit langem umgeben. In den folgenden Seiten werden wir gemeinsam die vielfältigen Aspekte, Theorien und Implikationen von Zeitreisen erforschen, angefangen von den grundlegenden physikalischen Konzepten bis hin zu den philosophischen und ethischen Fragestellungen, die sie aufwerfen.

Die Idee der Zeitreisen hat die Menschheit seit jeher fasziniert. Schon in den frühesten Mythen und Erzählungen finden wir Geschichten von Menschen, die durch die Zeit reisen, um die Vergangenheit zu ändern oder die Zukunft zu erkunden. Doch erst mit dem Fortschritt der Wissenschaft und der Entstehung moderner physikalischer Theorien begannen wir, die Möglichkeit von Zeitreisen auf wissenschaftlicher Grundlage zu erforschen.

Unsere Reise beginnt in den ersten Kapiteln mit einer Einführung in das Thema Zeitreisen und ihrer Bedeutung in der Literatur, Kunst und Popkultur. Von H.G. Wells' bahnbrechendem Werk "Die Zeitmaschine" bis hin zu modernen Filmen und Computerspielen haben Zeitreisen die menschliche Vorstellungskraft beflügelt und einen bedeutenden Einfluss auf unsere kulturelle Identität gehabt.

Die theoretische Grundlage für Zeitreisen bilden die Erkenntnisse der modernen Physik. Im zweiten Teil des Buches tauchen wir tief in die Konzepte der Relativitätstheorie von Albert Einstein ein, die das Fundament für unser Verständnis von Raum und Zeit legen. Wir erforschen die Raumzeitkrümmung, die vierte Dimension und die Rolle von Lichtgeschwindigkeit in der Physik. Diese Grundlagen sind entscheidend, um die Möglichkeiten und Herausforderungen von Zeitreisen zu verstehen.

Mit einem soliden physikalischen Verständnis in der Hand wenden wir uns in den späteren Kapiteln den komplexen Aspekten von Zeitreisen zu. Wir untersuchen die verschiedenen Theorien, die die

Möglichkeit von Zeitreisen eröffnen, sei es durch Wurmlöcher, Quantenverschränkung oder die Nutzung von schwarzen Löchern als natürliche Zeitmaschinen. Dabei stoßen wir auf offene Fragen und ungelöste Rätsel, die die Grenzen unseres derzeitigen Wissens aufzeigen.

Die ethischen und philosophischen Implikationen von Zeitreisen sind ein weiteres zentrales Thema dieses Buches. Die Möglichkeit, in die Vergangenheit einzugreifen oder die Zukunft zu beeinflussen, wirft eine Vielzahl von Fragen auf. Welche Verantwortung tragen Zeitreisende für die Auswirkungen ihrer Handlungen? Wie beeinflusst die Manipulation der Zeit unser Verständnis von Moral, Freiheit und Identität? Diese Fragen führen uns in die Tiefen der menschlichen Ethik und bieten Denkanstöße für jeden von uns.

Die Reflexion der Gesellschaft in zeitbezogenen Erzählungen ist ein weiterer spannender Bereich, den wir erkunden. Ob in Literatur, Film, Musik oder Kunst – Zeitreisen spiegeln unsere Ängste, Hoffnungen und Träume wider und prägen somit unsere kulturelle Identität. Wir betrachten die Entwicklung von Zeitreisemotiven von ihren Anfängen bis zur heutigen Zeit und analysieren, wie sie unsere Vorstellung von Raumzeit beeinflusst haben.

Die wissenschaftlichen Entwicklungen und Fortschritte in der Raumfahrttechnologie werfen ein Licht auf die Zukunft der Zeitmanipulation. Im letzten Teil des Buches werfen wir einen Blick auf die aktuellen Forschungen und Innovationen auf diesem Gebiet. Von Quantencomputern über antimateriebetriebene Antriebe bis hin zu neuen Erkenntnissen aus der theoretischen Physik – diese Entwicklungen könnten unsere Vorstellung von Zeitreisen revolutionieren.

Abschließend betrachten wir die Bedeutung von Zeitreisen in Bildung und Aufklärung. Wir erkennen, dass die Faszination für Zeitreisen nicht nur in der Unterhaltungswelt, sondern auch in der Bildung einen Platz hat. Die Vermittlung von komplexen physikalischen Konzepten durch Zeitreisegeschichten kann helfen, das Interesse an Wissenschaft und Forschung zu wecken.

Die Zukunft der Zeitmanipulation liegt in unseren Händen. Die offenen Fragen und ungelösten Rätsel, die in diesem Buch behandelt wurden, laden dazu ein, die Grenzen unseres Wissens zu erweitern und die faszinierende Reise durch die Zeit und Raum fortzusetzen. Wir hoffen, dass dieses Buch Ihnen neue Einsichten, Denkanstöße und Inspirationen bietet, um sich mit einem der faszinierendsten Themen der Menschheit auseinanderzusetzen.

Wir laden Sie nun ein, die Seiten dieses Buches zu erkunden und sich von den vielfältigen Aspekten der Zeitreisen faszinieren zu lassen. Möge diese Reise durch die Zeit Ihre Neugierde wecken und Ihnen eine neue Perspektive auf das Universum und unser Verhältnis zur Zeit bieten.

Kapitel 1: Einführung in die Welt der Zeitreisen

1.1 Die Faszination der Zeitreisen

Die Faszination für Zeitreisen ist tief in der menschlichen Vorstellungskraft verwurzelt und reicht durch die Jahrhunderte der Kulturgeschichte. Von antiken Mythen und Legenden bis hin zu modernen wissenschaftlichen Spekulationen und populärkulturellen Darstellungen hat das Konzept der Zeitmanipulation die Neugier der Menschen geweckt und ihre Gedanken angeregt. Das Kapitel, "Die Faszination der Zeitreisen", untersucht diese tief verwurzelte Anziehungskraft und stellt die Frage, warum Zeitreisen ein so faszinierendes und komplexes Thema sind.

Zeitreisen üben aufgrund ihrer scheinbar unbegrenzten Möglichkeiten eine einzigartige Anziehungskraft aus. Die Vorstellung, durch die Zeit zu reisen, eröffnet Gedankenexperimente, die unsere Wahrnehmung von Realität, Kausalität und Identität herausfordern. Die Menschheit hat schon immer den Wunsch verspürt, die Vergangenheit zu erkunden, die Zukunft zu gestalten und die lineare Natur der Zeit zu überwinden. Zeitreisen bieten den Rahmen, in dem diese Sehnsüchte und Neugierde erfüllt werden können, auch wenn sie bislang größtenteils im Reich der Fantasie bleiben.

Historisch gesehen sind Zeitreisen ein wiederkehrendes Thema in Mythologie, Religion und Literatur. Geschichten von Zeitreisen finden sich in antiken Sagen und religiösen Texten, in denen Helden auf Zeitsprünge geschickt werden, um ihre Vergangenheit zu verändern oder göttliche Einsichten zu erlangen. Diese frühen Erzählungen spiegeln den menschlichen Wunsch nach Kontrolle über Zeit und Schicksal wider. Beispielsweise erzählt die griechische Mythologie von Herakles, der den Fluss der Zeit aufhielt, um zwölf Aufgaben zu erfüllen, was als symbolische Darstellung des Strebens nach Überwindung der linearen Zeit interpretiert werden kann.

Mit der Entwicklung von Wissenschaft und Philosophie im Laufe der Jahrhunderte hat sich die Faszination für Zeitreisen weiterentwickelt. Die Aufklärung und die Moderne brachten neue Fragen zur Natur der Zeit und Raum mit sich. Die Ideen von Zeitreisen wurden zu einem Spielplatz für Denker, die die Grenzen des Möglichen ausloten wollten. Im 19. Jahrhundert ergriffen Schriftsteller wie H.G. Wells die Möglichkeit, in ihren Werken die Konsequenzen von Zeitreisen zu erkunden. Wells' "Die Zeitmaschine" von 1895 präsentierte eine innovative Vorstellung einer Apparatur, die es einem Forscher ermöglichte, durch die Zeit zu reisen. Dieses Werk markierte einen bedeutenden Schritt in der Populärkultur und prägte das Bild von Zeitreisen, wie wir es heute kennen.

Die Faszination für Zeitreisen erstreckt sich nicht nur auf literarische Werke, sondern auch auf die wissenschaftliche Gemeinschaft. Im 20. Jahrhundert, mit Einsteins Veröffentlichung der Relativitätstheorie, wurde die Idee der Zeit als vierte Dimension in der Raumzeit etabliert. Dieses Konzept legte den Grundstein für die theoretische Möglichkeit von Zeitreisen. Die Möglichkeit, dass die Geschwindigkeit und Gravitation die Zeit beeinflussen könnten, regte die Vorstellung an, dass wir möglicherweise eines Tages in der Lage sein könnten, durch die Zeit zu navigieren.

Die Faszination für Zeitreisen hat auch die Filmindustrie und die Popkultur stark beeinflusst. Filme wie "Zurück in die Zukunft" und "Matrix" haben die Vorstellung von Zeitreisen einer breiten Öffentlichkeit nähergebracht und die Diskussion über die Konsequenzen von Zeitmanipulation angeregt. Diese Darstellungen von Zeitreisen haben oft humorvolle oder dramatische Elemente, die dazu beitragen, das Thema in einer unterhaltsamen und zugänglichen Weise zu präsentieren. Zugleich werfen sie jedoch auch Fragen nach Paradoxa, Veränderung der Geschichte und ethischen Implikationen auf.

Die Faszination für Zeitreisen geht jedoch über reine Unterhaltung hinaus. Sie hat einen starken Einfluss auf die philosophischen, wissenschaftlichen und sogar spirituellen Überlegungen der Menschheit. Die Möglichkeit, die Zeit zu manipulieren, stellt grundlegende Fragen zur Natur der Realität auf. Ist die Zeit linear oder existieren alternative Zeitlinien? Wenn wir die Vergangenheit ändern könnten, welche Auswirkungen hätte das auf unsere Gegenwart und Zukunft? Gleichzeitig wirft die Idee der Zeitreisen Fragen nach Determinismus, Freiheit und Verantwortung auf.

Insgesamt spiegelt die anhaltende Faszination für Zeitreisen die tiefe Sehnsucht des Menschen nach Kontrolle, Erkenntnis und Unendlichkeit wider. Zeitreisen sind nicht nur eine Flucht aus der Begrenztheit unseres gegenwärtigen Momentes, sondern auch ein Gedankenexperiment, das unsere Grenzen als Spezies auslotet. Die Reise durch Raum und Zeit, sei es in der Welt der Fantasie oder in der wissenschaftlichen Theorie, ist eine Reise, die unser Verständnis von Raumzeit, Identität und dem Wesen der Wirklichkeit selbst herausfordert.

1.2 Historische Perspektiven auf Zeitmanipulation
Die historische Betrachtung der Zeitmanipulation vermittelt einen faszinierenden Einblick in die Art und Weise, wie verschiedene Kulturen und Epochen die Vorstellung von Zeitreisen und Zeitmanipulation interpretiert haben. Das Kapitel, "Historische Perspektiven auf Zeitmanipulation", nimmt uns mit auf eine Reise durch die Jahrhunderte und zeigt, wie das Konzept der Zeitmanipulation in den Mythen, Legenden und Philosophien vergangener Zeiten verankert ist.

Schon in den frühesten Aufzeichnungen der Menschheit finden sich Spuren von Geschichten und Erzählungen, die auf eine Vorstellung von Zeitmanipulation hinweisen. Antike Zivilisationen wie die Ägypter, Griechen, Römer, Chinesen und Mesopotamier hatten alle ihre eigenen Geschichten von Göttern oder Helden, die in der Lage waren, durch die Zeit zu reisen oder die Zeit zu beeinflussen. Diese Erzählungen wurden oft genutzt, um moralische Lehren zu vermitteln oder das Verständnis der Welt zu erklären. Die mythologische Figur des "Königs der Zeit" in der babylonischen

Mythologie ist ein Beispiel für eine frühe Verbindung zwischen göttlicher Macht und Zeitkontrolle.

Im Mittelalter wurden Vorstellungen von Zeitmanipulation oft von religiösen Überzeugungen beeinflusst. Die Idee der "ewigen Zeit" wurde von den christlichen Theologen diskutiert, die darüber nachdachten, wie Gott außerhalb der linearen Zeit existieren könnte. Die Alchemisten des Mittelalters strebten nach der Entdeckung von "Elixieren der Unsterblichkeit", die ihnen ermöglichen sollten, die Zeit zu überwinden und ewiges Leben zu erlangen. Diese Konzepte spiegeln die menschliche Sehnsucht nach Kontrolle über Zeit und Vergänglichkeit wider.

Mit der Renaissance und der Aufklärung begannen Denker, die Idee der Zeitmanipulation auf eine rationalere Weise zu erforschen. Philosophen wie René Descartes und Gottfried Wilhelm Leibniz stellten die Frage nach der Natur von Raum und Zeit und wie sie in das Universum integriert sind. Die Vorstellung von "zeitlichen Paradoxa" wurde erstmals von dem schottischen Philosophen David Hume im 18. Jahrhundert vorgestellt, als er darüber nachdachte, wie Kausalität und Erfahrung unsere Wahrnehmung von Zeit beeinflussen.

Mit dem Aufkommen der modernen Wissenschaft im 19. Jahrhundert wurden die Ideen der Zeitmanipulation in literarischen Werken weiter erkundet. Schriftsteller wie Mark Twain und Lewis Carroll spielten in ihren Geschichten mit dem Konzept der Zeitreisen und der Verzerrung der Realität. In der Literatur des späten 19. Jahrhunderts war das Zeitalter des Fortschritts und der Entdeckungen ein fruchtbarer Boden für Geschichten, die die menschliche Vorstellungskraft herausforderten.

Die Ideen der Zeitmanipulation wurden im 20. Jahrhundert mit den Fortschritten in der Physik noch komplexer. Albert Einsteins Theorien der Relativität brachten neue Perspektiven auf Raum und Zeit. Einige Denker, wie der berühmte Physiker Kurt Gödel, untersuchten die Möglichkeit von Zeitreisen innerhalb der theoretischen Grenzen der Relativität. Zeitreisen wurden nicht mehr nur als metaphysische Konzepte betrachtet, sondern auch als physikalisch mögliche Szenarien.

Die Popkultur des 20. Jahrhunderts nahm die Idee der Zeitreisen auf und machte sie einem breiteren Publikum zugänglich. Literatur, Filme und Fernsehserien wie H.G. Wells' "Die Zeitmaschine" und die Serie "Raumschiff Enterprise" prägten das Bild von Zeitreisen in der kollektiven Vorstellung. Sie stellten nicht nur die wissenschaftlichen Aspekte in den Vordergrund, sondern thematisierten auch die Auswirkungen auf die Geschichte, die Ethik und die Identität der Individuen.

In der heutigen Zeit setzen sich sowohl Wissenschaftler als auch Künstler weiterhin mit dem Konzept der Zeitmanipulation auseinander. Die fortschreitende Erforschung der Quantenmechanik, der Stringtheorie und der Multiversen bringt neue Dimensionen in die Debatte über Zeitreisen ein. Wissenschaftler wie Stephen Hawking haben über theoretische Möglichkeiten von "geschlossenen zeitartigen Kurven" gesprochen, die Zeitreisen erlauben könnten, aber dabei aufgrund von Paradoxa und Kausalitätsproblemen auf komplexe Herausforderungen hinweisen.

Die historische Perspektive auf Zeitmanipulation zeigt, wie tief verwurzelt die Vorstellung von Zeitreisen in der menschlichen Kultur ist. Von frühen Mythen über philosophische Diskussionen bis hin zur modernen Popkultur haben Menschen immer wieder über die Möglichkeit nachgedacht, die Zeit zu überwinden. Die historische Vielfalt dieser Vorstellungen unterstreicht die universelle Faszination für die Idee der Zeitmanipulation, die uns sowohl in der Vergangenheit als auch in der Gegenwart begleitet und herausfordert.

1.3 Zeitreisen in der Populärkultur
Die Darstellung von Zeitreisen in der Populärkultur hat einen enormen Einfluss auf unsere Vorstellungskraft und unsere

Diskussionen über die Möglichkeit von Zeitmanipulation. Das Kapitel, "Zeitreisen in der Populärkultur", widmet sich der Art und Weise, wie Zeitreisen in Büchern, Filmen, Fernsehserien und anderen Medien dargestellt werden, und wie diese Darstellungen unser Verständnis und unsere Neugierde für das Konzept geprägt haben.

Die Popkultur hat eine zentrale Rolle dabei gespielt, die Idee der Zeitreisen einem breiten Publikum zugänglich zu machen. Bereits im 19. Jahrhundert präsentierte H.G. Wells in seinem Roman "Die Zeitmaschine" eine Apparatur, die es dem Protagonisten ermöglichte, durch die Zeit zu reisen. Diese Darstellung war bahnbrechend und führte zu einer breiten Diskussion über die Implikationen von Zeitmanipulation. Wells' Werk etablierte viele der Konventionen, die noch heute mit Zeitreisen assoziiert werden, wie zum Beispiel die Vorstellung von Zeitreisen als physischer Aktivität, die das Überwinden der Zeitgrenzen ermöglicht.

Im 20. Jahrhundert fanden Zeitreisen einen prominenten Platz in Film und Fernsehen. Die "Zurück in die Zukunft"-Trilogie, geschrieben von Robert Zemeckis und Bob Gale, ist ein Meilenstein in der Darstellung von Zeitreisen in der Popkultur. Die Filme folgen Marty McFly und Doc Brown auf ihren Abenteuern durch verschiedene Zeitperioden und illustrieren dabei auf humorvolle Weise die Komplexität von Zeitparadoxa und Veränderungen der Vergangenheit. Diese Filme machten das Konzept der Zeitreisen einem breiten Publikum bekannt und trugen dazu bei, die Diskussion über die wissenschaftliche Möglichkeit von Zeitmanipulation anzuregen.

In der Science-Fiction-Literatur wurden verschiedene Ansätze für die Darstellung von Zeitreisen entwickelt. Ein Beispiel hierfür ist Isaac Asimovs Kurzgeschichte "Liar!", in der ein Roboter mit der Fähigkeit ausgestattet ist, in die Vergangenheit zu blicken. Diese Form der Zeitmanipulation, bei der es nicht möglich ist, in die Vergangenheit einzugreifen, sondern nur Informationen zu erhalten, stellt eine alternative Herangehensweise dar. Sie betont die

Herausforderungen und Paradoxa, die mit der Beeinflussung der Vergangenheit einhergehen.

Neben Büchern und Filmen haben auch Fernsehserien wie "Doctor Who" das Konzept der Zeitreisen weiter erforscht. Die Serie, die seit den 1960er Jahren läuft, handelt von einem mysteriösen Zeitreisenden namens der "Doctor", der in einer Raum-Zeit-Maschine namens TARDIS reist. Die Serie präsentiert ein vielfältiges Spektrum an Abenteuern, die den Doctor und seine Begleiter in verschiedene historische Perioden und futuristische Szenarien führen. "Doctor Who" bietet eine Plattform, um ethische Dilemmata, Paradoxa und verschiedene Zeitlinien zu erkunden.

Die Darstellung von Zeitreisen in der Populärkultur reicht jedoch über die Science-Fiction hinaus. Filme wie "Groundhog Day" und "Edge of Tomorrow" verwenden das Konzept der Zeitschleifen, bei denen der Protagonist denselben Zeitabschnitt immer wieder durchlebt. Diese Darstellungen heben die Möglichkeit hervor, aus Fehlern zu lernen und persönliches Wachstum zu erfahren, indem man die Zeit auf ungewöhnliche Weise manipuliert.

Die Populärkultur hat nicht nur die Darstellung von Zeitreisen beeinflusst, sondern auch unsere Wahrnehmung der Wissenschaft hinter diesem Konzept geformt. Die Verbindung zwischen Unterhaltung und Wissenschaft hat dazu geführt, dass viele Menschen neugierig auf die theoretischen Aspekte von Zeitreisen wurden. Allerdings haben einige Darstellungen auch zu Missverständnissen geführt, indem sie wissenschaftliche Konzepte vereinfachen oder verzerren.

Insgesamt zeigen die Darstellungen von Zeitreisen in der Populärkultur, wie vielfältig die Interpretationen dieses Konzepts sein können. Die Popkultur bietet eine Plattform, um verschiedene Aspekte von Zeitmanipulation zu erkunden, sei es durch humorvolle Ansätze wie "Zurück in die Zukunft" oder durch tiefgründige Untersuchungen von Paradoxa wie in "Interstellar". Diese Darstellungen haben nicht nur die Vorstellungskraft angeregt, sondern auch zur Weiterentwicklung von Diskussionen über die Möglichkeit und die Implikationen von Zeitreisen beigetragen.

1.4 Die Bedeutung von Zeitreisen in der Wissenschaft

Die Bedeutung von Zeitreisen in der Wissenschaft reicht von theoretischen Gedankenspielen bis hin zu tiefgreifenden Erkenntnissen über die Struktur des Universums. Das Kapitel, "Die Bedeutung von Zeitreisen in der Wissenschaft", beleuchtet die Rolle von Zeitmanipulation in verschiedenen wissenschaftlichen Disziplinen und wie sie unser Verständnis von Raumzeit, Kausalität und Physik erweitert hat.

Zeitreisen haben nicht nur in der Science-Fiction, sondern auch in der ernsthaften wissenschaftlichen Forschung eine wichtige Rolle gespielt. Einer der Gründe dafür ist, dass die Idee der Zeitmanipulation wichtige Fragen über die Natur der Zeit und die Struktur des Universums aufwirft. In der modernen Physik sind die Grundlagen der Zeitreisen eng mit Einsteins Theorien der Relativität verknüpft. Die spezielle Relativitätstheorie besagt, dass die Zeitdilatation bei hohen Geschwindigkeiten auftritt, was bedeutet, dass sich die Zeit für einen Beobachter, der sich mit annähernder Lichtgeschwindigkeit bewegt, anders verhält als für einen ruhenden Beobachter. Dieses Konzept wurde durch Experimente wie das "Zwillingsparadoxon" bestätigt, bei dem ein Zwilling auf einer Raumfahrtmission nahe der Lichtgeschwindigkeit zurückkehrt und jünger ist als sein auf der Erde gebliebener Zwilling.

Die allgemeine Relativitätstheorie, die die Gravitation als Krümmung der Raumzeit beschreibt, eröffnet noch tiefere Einblicke in die Möglichkeit von Zeitreisen. Lösungen der Einsteinschen Gleichungen wie "geschlossene zeitartige Kurven" deuten auf theoretische Pfade hin, auf denen ein Objekt zu einem früheren Zeitpunkt im selben Raum zurückkehren könnte. Während diese Konzepte in der Theorie existieren, zeigen sie auch die Komplexität der Idee von Zeitmanipulation auf, da sie Paradoxa und logische Widersprüche aufwerfen.

Die Quantenmechanik, eine der fundamentalsten Theorien in der Physik, trägt ebenfalls zur Diskussion über Zeitreisen bei. Das Phänomen der Quantenverschränkung, bei dem zwei Teilchen in einer Weise miteinander verbunden sind, dass ihre Zustände untrennbar miteinander verknüpft sind, hat zu Hypothesen geführt, die besagen, dass Informationen schneller als Licht übertragen werden könnten. Dies wirft die Frage auf, ob solche Phänomene genutzt werden könnten, um in der Zeit zu reisen. Die Quantenmechanik hat jedoch auch ihre eigenen Rätsel, da sie ungewöhnliche Eigenschaften wie die Unschärferelation enthüllt, die die genaue Vorhersage von Position und Geschwindigkeit eines Teilchens einschränkt.

Die Bedeutung von Zeitreisen in der Wissenschaft geht jedoch über physikalische Theorien hinaus und erstreckt sich auf philosophische Überlegungen zur Natur der Realität. Zeitreisen eröffnen Diskussionen über die Struktur von Raumzeit, Kausalität und Determinismus. Die Frage, ob Zeitreisen theoretisch möglich sind, hat Physiker und Philosophen gleichermaßen dazu veranlasst, tief in die Natur der Zeit einzutauchen. Die Debatte über freien Willen versus Determinismus, die Unterscheidung zwischen Vergangenheit, Gegenwart und Zukunft und die Möglichkeit von Paralleluniversen sind nur einige der Themen, die durch das Konzept der Zeitmanipulation hervorgebracht werden.

In der wissenschaftlichen Gemeinschaft werden Zeitreisen oft als Gedankenspiele betrachtet, die unser Verständnis von physikalischen Prinzipien schärfen können. Während es theoretische Modelle gibt, die die Möglichkeit von Zeitreisen andeuten, sind diese oft von Paradoxa und Herausforderungen begleitet. Zum Beispiel könnten Zeitreisen in die Vergangenheit zu kausalen Schließungen führen, bei denen Ereignisse zu Widersprüchen führen könnten. Solche Paradoxa haben dazu geführt, dass einige Forscher argumentieren, dass die Natur der Zeit selbst solche Unregelmäßigkeiten verhindern könnte.

Die Bedeutung von Zeitreisen in der Wissenschaft erstreckt sich auch auf die Erforschung der fundamentalen Gesetze des Universums. Die Suche nach einer "Theorie von allem", die die Gravitation mit den anderen fundamentalen Kräften vereint, könnte neue Einblicke in die Möglichkeit von Zeitmanipulation bieten. Die Stringtheorie, eine Kandidatin für eine solche umfassende Theorie, beinhaltet Konzepte wie geschlossene zeitartige Kurven und die Existenz von multidimensionalen Raumzeiten. Diese Theorien sind jedoch weit davon entfernt, bewiesen oder experimentell verifiziert zu werden.

Insgesamt verdeutlicht die Bedeutung von Zeitreisen in der Wissenschaft die enge Verknüpfung zwischen theoretischen Spekulationen und der Erforschung der physikalischen Realität. Zeitreisen sind nicht nur ein faszinierendes Gedankenspiel, sondern bieten auch einen Einblick in unsere Suche nach einer umfassenden Theorie, die die fundamentalen Kräfte und die Struktur des Universums erklären kann. Die Diskussion über Zeitmanipulation hat unser Verständnis von Raumzeit erweitert, neue Fragen aufgeworfen und einen fruchtbaren Boden für die Weiterentwicklung der Physik und der philosophischen Überlegungen geschaffen.

1.5 Philosophische Betrachtungen von Zeit und Manipulation
Die philosophischen Betrachtungen von Zeit und Manipulation sind von zentraler Bedeutung für das Verständnis von Zeitreisen und ihrer Implikationen. Das Kapitel, "Philosophische Betrachtungen von Zeit und Manipulation", widmet sich den tiefgreifenden Fragen, die sich aus dem Konzept der Zeitmanipulation ergeben, und wie verschiedene philosophische Ansätze versuchen, diese Fragen zu beantworten.

Die Natur der Zeit ist ein komplexes und oft schwer fassbares Konzept, das Philosophen, Wissenschaftler und Denker seit Jahrhunderten beschäftigt. Die Idee der Zeitmanipulation stellt unsere herkömmlichen Vorstellungen von linearer Zeit und Kausalität in Frage und wirft Fragen nach der Möglichkeit von

Veränderungen in der Vergangenheit, der Gegenwart und der Zukunft auf. Ein grundlegendes philosophisches Problem, das sich aus der Idee der Zeitmanipulation ergibt, ist das "Großvater-Paradoxon". Wenn jemand in die Vergangenheit reisen und seinen eigenen Großvater töten würde, würde das zu einer widersprüchlichen Situation führen, da dies bedeuten würde, dass die Person nie geboren wurde, um die Zeitreise zu unternehmen. Solche Paradoxa werfen Fragen nach der Konsistenz und Logik von Zeitreisen auf.

Die verschiedenen Ansätze zur Philosophie der Zeit können in zwei Hauptkategorien unterteilt werden: A-theoretische und B-theoretische Modelle. A-theoretische Modelle postulieren eine objektive Gegenwart und sehen die Vergangenheit, die Gegenwart und die Zukunft als unterschiedliche "Schnitte" durch die Zeit. Diese Modelle betonen die Asymmetrie von Vergangenheit und Zukunft und deuten darauf hin, dass Zeitreisen, die eine Veränderung der Vergangenheit erfordern, Paradoxa hervorrufen könnten. B-theoretische Modelle, wie sie von Einstein entwickelt wurden, sehen die Zeit als eine vierte Dimension in der Raumzeit und betonen die Blockuniversum-Theorie. Diese Theorie besagt, dass alle Ereignisse in Raum und Zeit gleichzeitig existieren und dass die Unterscheidung zwischen Vergangenheit, Gegenwart und Zukunft lediglich eine Illusion ist. In einem Blockuniversum könnte Zeitreisen theoretisch möglich sein, ohne Paradoxa hervorzurufen.

Die philosophische Debatte über die Möglichkeit von Zeitreisen befasst sich auch mit dem Problem der Kausalität. Kausale Beziehungen zwischen Ereignissen sind in der klassischen Vorstellung von Zeit unveränderlich, da Ursache und Wirkung in einer zeitlichen Abfolge liegen. Die Idee der Zeitmanipulation wirft die Frage auf, ob es möglich ist, Ursache und Wirkung zu vertauschen oder Ereignisse zu verhindern, die in der Vergangenheit stattgefunden haben. Dies führt zu komplexen Diskussionen darüber, wie Kausalität in einer Welt mit Zeitreisen funktionieren könnte und ob solche Veränderungen zu Paradoxa oder logischen Widersprüchen führen würden.

Ein weiteres philosophisches Thema, das sich aus Zeitmanipulation ergibt, ist die Frage nach der Identität von Individuen über die Zeit hinweg. Wenn jemand in die Vergangenheit reisen und in das eigene frühere Ich eingreifen würde, würde dies zu einem Widerspruch führen, da das Individuum gleichzeitig zwei verschiedene Versionen von sich selbst sein müsste. Dies wirft Fragen nach der Kontinuität von Identität auf und berührt philosophische Konzepte wie das Leib-Seele-Problem und die Natur des Selbst.

Die Ethik von Zeitreisen ist ein weiteres wesentliches Thema in der philosophischen Betrachtung. Die Möglichkeit, in die Vergangenheit einzugreifen und Ereignisse zu ändern, wirft Fragen nach der Verantwortung und den Konsequenzen von Handlungen auf. Ein klassisches Beispiel ist das "Trolley-Problem", bei dem die Entscheidung getroffen werden muss, ob man eine Person opfert, um mehrere Leben zu retten. In Bezug auf Zeitreisen könnte die Möglichkeit, in die Vergangenheit einzugreifen, zu ähnlichen ethischen Dilemmata führen, da die Konsequenzen komplex und oft unvorhersehbar sind.

Die philosophischen Betrachtungen von Zeit und Manipulation zeigen, wie tiefgreifend die Idee der Zeitmanipulation in die Grundlagen unseres Denkens und unseres Verständnisses der Realität eingreift. Die Debatte über Paradoxa, Kausalität, Identität und Ethik führt zu einer intellektuell anspruchsvollen Diskussion über die Natur der Zeit und unser Verhältnis zu ihr. Die Philosophie bietet einen reichen Rahmen für die Erforschung dieser Fragen, die nicht nur unser Verständnis von Zeitreisen, sondern auch unsere grundsätzliche Vorstellung von Existenz und Wirklichkeit herausfordern.

1.6 Zeitempfinden und menschliche Wahrnehmung

Das Zeitempfinden und die menschliche Wahrnehmung von Zeit sind tiefgreifende Themen, die eng mit dem Konzept der Zeitmanipulation verbunden sind. Das Kapitel, "Zeitempfinden und menschliche Wahrnehmung", beleuchtet die Art und Weise, wie

Menschen Zeit erleben, wie unser Bewusstsein die Zeit wahrnimmt und wie Zeitreisen in Bezug auf unser subjektives Empfinden von Zeit betrachtet werden können.

Die Art und Weise, wie wir Zeit wahrnehmen, ist subjektiv und vielschichtig. Während die objektive Zeitmessung auf physikalischen Standards wie Sekunden und Minuten basiert, unterscheidet sich unser persönliches Zeitempfinden oft erheblich von dieser objektiven Messung. Menschen erleben Zeit auf unterschiedliche Weise, abhängig von äußeren Einflüssen wie Aktivitäten, Emotionen und sozialen Interaktionen. Ein Moment der Freude kann sich kurz anfühlen, während eine Periode des Wartens sich endlos dehnen kann. Dieses Phänomen wird oft als "Zeitempfinden" bezeichnet und zeigt die Komplexität der menschlichen Wahrnehmung von Zeit.

Die Frage, wie unser Gehirn Zeit wahrnimmt, ist ein bedeutendes Forschungsfeld in der Neurowissenschaft und Psychologie. Experimente haben gezeigt, dass unser Zeitempfinden von verschiedenen Faktoren beeinflusst wird, darunter die Aufmerksamkeit, die Erwartungen und die emotionale Intensität von Ereignissen. Die "Zeitdehnung" ist ein Phänomen, bei dem Menschen in stressigen oder gefährlichen Situationen den Eindruck haben, dass die Zeit langsamer vergeht. Dies könnte auf eine erhöhte Verarbeitungsgeschwindigkeit des Gehirns in solchen Momenten zurückzuführen sein, was zu einer veränderten Wahrnehmung der Zeit führt.

Die Verbindung zwischen Zeitempfinden und Zeitmanipulation ist subtil, aber wichtig. Wenn Zeitreisen theoretisch möglich wären, könnten sie das subjektive Zeitempfinden von Menschen verändern. Ein Individuum, das in die Zukunft reist und dann zur Gegenwart zurückkehrt, könnte das Gefühl haben, dass die Zeit schneller vergangen ist, verglichen mit jenen, die in der Gegenwart geblieben sind. Solche Unterschiede im Zeitempfinden könnten zu Diskrepanzen in den persönlichen Erfahrungen und Erinnerungen führen und werfen Fragen nach der Kontinuität der Identität auf.

Die menschliche Wahrnehmung von Zeit erstreckt sich auch auf das Konzept der Zeitmanipulation in der Populärkultur. Filme und Bücher, die Zeitreisen behandeln, setzen oft auf das Verständnis des Publikums von Zeitempfinden, um die Handlung zu entwickeln und Spannung zu erzeugen. Die "Butterfly Effect"-Theorie, die besagt, dass selbst kleine Veränderungen in der Vergangenheit dramatische Auswirkungen auf die Zukunft haben können, basiert auf dem Konzept, wie feine Veränderungen im Raum-Zeit-Gefüge weitreichende Konsequenzen haben könnten.

Die Verbindung zwischen Zeitempfinden und Zeitreisen wirft auch Fragen nach der "Realität" von Zeit auf. Wenn unsere Wahrnehmung von Zeit so subjektiv ist und von äußeren Einflüssen beeinflusst werden kann, stellt sich die Frage, ob Zeitreisen, wie in der Populärkultur dargestellt, unsere Wahrnehmung der Realität verändern könnten. Könnte eine Person, die durch die Zeit reist, die Realität verändern oder sogar verschiedene Zeitlinien erschaffen? Diese Fragen fordern uns heraus, unsere Vorstellungen von Raumzeit und Realität zu überdenken.

Die Diskussion über Zeitempfinden und menschliche Wahrnehmung wirft auch philosophische Fragen nach der Natur von Zeit auf. Ist Zeit eine objektive, unveränderliche Entität, die unabhängig von unserem Bewusstsein existiert? Oder ist Zeit vielmehr eine Konstruktion unseres Geistes, die auf unserer Wahrnehmung von Ereignissen basiert? Diese philosophischen Überlegungen beeinflussen unsere Betrachtung von Zeitreisen und wie sie sich auf unser individuelles Erleben von Zeit auswirken könnten.

Insgesamt verdeutlicht die Untersuchung des Zeitempfindens und der menschlichen Wahrnehmung, wie vielschichtig und subjektiv unser Verhältnis zur Zeit ist. Die Art und Weise, wie wir Zeit erleben, beeinflusst nicht nur unsere individuellen Erfahrungen, sondern wirft auch wichtige Fragen über die Natur von Zeit, Realität und Bewusstsein auf. Die Verbindung zwischen Zeitempfinden und Zeitmanipulation stellt eine faszinierende Schnittstelle zwischen

Neurowissenschaft, Philosophie und Popkultur dar und ermutigt uns, tief in die Reflexion über die Natur der Zeit einzutauchen.

1.7 Zeitreisen in Mythologie und antiker Philosophie

Die Vorstellung von Zeitreisen ist nicht auf moderne Zeiten beschränkt, sondern reicht bis in die mythologischen Erzählungen und philosophischen Betrachtungen der antiken Welt. Das Kapitel, "Zeitreisen in Mythologie und antiker Philosophie", widmet sich der Art und Weise, wie frühere Kulturen die Idee der Zeitmanipulation in ihre Mythen, Legenden und philosophischen Theorien integrierten.

Schon in den frühesten Zeiten der menschlichen Kultur finden sich Spuren von Geschichten und Vorstellungen, die auf eine Form von Zeitreisen hinweisen. Die Mythologien vieler antiker Zivilisationen, von den Ägyptern über die Griechen bis hin zu den Hinduisten, enthalten Erzählungen von Göttern oder Helden, die in der Lage waren, durch die Zeit zu reisen oder die Zeit zu beeinflussen. In der ägyptischen Mythologie gibt es beispielsweise Geschichten über den Gott Thot, der die Fähigkeit hatte, die Zeit zurückzuspulen und Ereignisse zu verändern. Solche Erzählungen dienten oft dazu, moralische Lehren zu vermitteln oder die Natur der Welt zu erklären.

Die antike griechische Philosophie beschäftigte sich ebenfalls mit der Idee der Zeit und ihrer Manipulation. Platon und Aristoteles diskutierten über die Natur der Zeit und ihre Beziehung zur Bewegung und Veränderung. Für Aristoteles war Zeit eine Messung von Bewegung, während Platon die Zeit als abhängig von der ewigen Welt der Ideen ansah. Diese frühphilosophischen Ansätze legten den Grundstein für spätere Diskussionen über die Natur von Zeit und Raum.

Die Idee der Zeitmanipulation wurde auch in den Schriften des antiken China und Indiens aufgegriffen. In der chinesischen Mythologie gibt es Geschichten von Magiern und Unsterblichen, die die Fähigkeit hatten, durch die Zeit zu reisen oder sich in verschiedene Zeitalter zu versetzen. In der indischen Mythologie spielen göttliche Wesen wie Brahma, der Schöpfergott, eine Rolle in der Gestaltung und Kontrolle der Zeit. Diese kulturellen Überlieferungen spiegeln die tief verwurzelte menschliche Sehnsucht nach der Möglichkeit wider, die lineare Zeit zu überwinden.

Die antiken Philosophen beschäftigten sich auch mit den metaphysischen Aspekten von Zeit und ihrer Beziehung zur menschlichen Existenz. In der Stoa, einer philosophischen Schule des antiken Griechenlands, wurde die Idee der "ewigen Wiederkehr" diskutiert, bei der alle Ereignisse im Universum in einem endlosen Zyklus wiederholt werden. Diese Vorstellung ähnelt in gewisser Weise dem Konzept von Zeitreisen, da sie die Idee eines ständigen Wiedererlebens der Geschichte beinhaltet.

Die Ideen der Zeitmanipulation wurden auch in der antiken Literatur aufgegriffen. Ovids "Metamorphosen", eine Sammlung von mythologischen Geschichten, enthält Erzählungen von Göttern und Menschen, die durch die Zeit reisen oder ihre Gestalt verändern. Diese Geschichten verdeutlichen, wie das Konzept der Zeitmanipulation in die kulturellen Erzählungen der antiken Welt eingebettet war und wie es als Mittel zur Erklärung von Veränderungen und Transformationen diente.

In der antiken Philosophie wurden auch Paradoxa und Rätsel im Zusammenhang mit der Zeit diskutiert. Der griechische Philosoph Zeno von Elea präsentierte seine berühmten Paradoxa, darunter das Paradoxon von Achilles und der Schildkröte, um die Schwierigkeiten bei der Vorstellung von Bewegung und Kontinuität zu veranschaulichen. Diese Überlegungen haben Parallelen zur modernen Diskussion über die Möglichkeit von Zeitreisen und die damit verbundenen Paradoxa.

Die Idee der Zeitmanipulation in der Mythologie und antiken Philosophie trägt zur kulturellen Vielfalt und Tiefe dieser Konzepte bei. Sie zeigt, wie Menschen seit langem über die Möglichkeit nachgedacht haben, die Grenzen der linearen Zeit zu überwinden und die Vorstellung von Vergangenheit, Gegenwart und Zukunft zu verändern. Diese frühen Überlegungen legten den Grundstein für spätere Diskussionen in Philosophie, Wissenschaft und Popkultur und verdeutlichen die anhaltende Faszination des Menschen für das Konzept der Zeitreisen.

1.8 Einfluss von Zeitreisen auf Literatur und Kunst

Der Einfluss von Zeitreisen auf Literatur und Kunst ist eine reiche und vielschichtige Angelegenheit, die das kreative Schaffen von Menschen auf der ganzen Welt über Jahrhunderte hinweg geprägt hat. Das Kapitel, "Einfluss von Zeitreisen auf Literatur und Kunst", beleuchtet die tiefgreifende Verbindung zwischen Zeitmanipulation und künstlerischer Ausdrucksform, wie sie in literarischen Werken, Gemälden, Filmen und anderen kreativen Medien zum Ausdruck kommt.

Die literarische Welt hat die Idee der Zeitmanipulation in zahlreichen Werken erkundet, die von verschiedenen Genres und Epochen geprägt sind. Von klassischen Werken wie William Shakespeares "Ein Sommernachtstraum", in dem magische Wesen die Zeit verändern, bis hin zu modernen Science-Fiction-Romanen wie H.G. Wells' "Die Zeitmaschine", in denen Zeitreisen als zentrales Thema dienen, spiegeln literarische Werke die vielfältigen Interpretationen und Möglichkeiten von Zeitreisen wider.

Der Einfluss von Zeitreisen auf die Literatur geht jedoch über das Genre der Science-Fiction hinaus. In Gabriel García Márquez' "Hundert Jahre Einsamkeit" wird die Idee der Wiederholung von Ereignissen über Generationen hinweg erkundet, während Kurt Vonneguts "Schlachthof 5" die Traumatisierung von Kriegsveteranen durch die Manipulation der Zeit darstellt. Diese literarischen Werke bieten eine Plattform, um komplexe Themen wie Erinnerung, Identität und die Verbindung zwischen Vergangenheit und Gegenwart zu erforschen.

Die Kunstwelt hat ebenfalls stark von der Idee der Zeitmanipulation profitiert und sie in vielfältiger Weise interpretiert. In der Malerei haben Künstler wie Salvador Dalí die Möglichkeit genutzt, die lineare Zeit aufzubrechen und surreale Welten zu erschaffen, in denen Zeit in einem fließenden Zustand existiert. Dalís Gemälde "Die Beständigkeit der Erinnerung" mit den schmelzenden Uhren ist zu einem ikonischen Symbol für die Verbindung von Zeit und Surrealismus geworden.

Die Filmindustrie hat ebenfalls eine bedeutende Rolle bei der Verbreitung der Idee von Zeitreisen gespielt. Klassiker wie "Zurück in die Zukunft" und "Terminator" haben das Konzept der Zeitmanipulation einem breiten Publikum nähergebracht und es in die Populärkultur integriert. Filme wie Christopher Nolans "Inception" erforschen die Idee der Zeitmanipulation auf subtile und komplexe Weise und stellen die Frage nach der Realität von Zeit und Erinnerung.

Die Verbindung von Zeitreisen und Kunst geht jedoch über das Geschriebene und Gefilmte hinaus. Musik, Theater und sogar Tanz haben die Möglichkeit genutzt, die Komplexität der Zeitmanipulation auszudrücken. In der Musik kann durch Tempowechsel und rhythmische Veränderungen das Gefühl von Zeitreisen erzeugt werden. Im Theater können Szenen in verschiedenen Zeitaltern spielen, um die Idee der nicht-linearen Zeit darzustellen. Tanz kann das Konzept von Bewegung und Veränderung verwenden, um die Vorstellung von Zeitreisen physisch zu vermitteln.

Der Einfluss von Zeitreisen auf Literatur und Kunst ist nicht nur auf die Kreativität der Künstler beschränkt, sondern hat auch die Denkweise und Vorstellungen des Publikums geprägt. Literarische Werke, Filme und Kunstwerke regen zur Reflexion über Zeit, Identität, Veränderung und die Natur der Realität an. Sie fordern den Betrachter auf, die Grenzen der konventionellen Vorstellung von Zeit zu überdenken und neue Perspektiven zu erkunden.

Die Verbindung zwischen Zeitreisen und Kunst verdeutlicht auch, wie tiefgreifend das Konzept der Zeitmanipulation in der menschlichen Kreativität verankert ist. Künstler und Schriftsteller nutzen Zeitreisen als Mittel, um tiefgründige Themen zu erforschen, Fragen aufzuwerfen und neue Gedankenwelten zu erschaffen. Diese kreativen Werke inspirieren nicht nur die Vorstellungskraft, sondern tragen auch zur Erweiterung unseres Verständnisses von Zeit, Realität und Menschlichkeit bei.

1.9 Technologische Fortschritte und die Möglichkeit von Zeitreisen

Der technologische Fortschritt hat die Menschheit in beispiellose Bereiche der Wissenschaft und Technik geführt, und die Frage nach der Möglichkeit von Zeitreisen ist dabei zu einem faszinierenden und kontroversen Thema geworden. Das Kapitel, "Technologische Fortschritte und die Möglichkeit von Zeitreisen", untersucht, wie wissenschaftliche Entwicklungen und theoretische Modelle unsere Vorstellung von Zeitmanipulation beeinflusst haben und welche Chancen und Herausforderungen dies für die Zukunft birgt.

In den letzten Jahrzehnten haben Wissenschaftler verschiedene Wege erforscht, wie die Idee der Geschwindigkeit als Zeitreisemöglichkeit theoretisch realisiert werden könnte. Eine Möglichkeit ist die Nutzung von "Alcubierre-Antrieben", die von dem Physiker Miguel Alcubierre vorgeschlagen wurden. Diese theoretische Antriebsart würde den Raum vor dem Raumfahrzeug zusammenziehen und ihn hinter dem Raumfahrzeug expandieren lassen, wodurch das Raumfahrzeug selbst nicht die Lichtgeschwindigkeit überschreitet, sondern sich auf einer sich verformenden Raumzeit bewegt. Obwohl diese Idee vielversprechend ist, stehen auch hier erhebliche technologische Hürden im Weg, darunter die Notwendigkeit von exotischer Materie mit negativer Energie.

Die Möglichkeit der Manipulation von Raumzeit durch Wurmlöcher ist ebenfalls eine faszinierende Theorie. Ein Wurmloch wäre eine Verbindung zwischen zwei entfernten Punkten im Raum, die es ermöglichen könnte, von einem Punkt zum anderen zu gelangen, ohne die Strecke dazwischen physisch zurückzulegen. Die Existenz von Wurmlöchern ist jedoch bisher rein hypothetisch und erfordert exotische Materie mit negativer Energie, die bisher nicht nachgewiesen wurde. Selbst wenn Wurmlöcher existieren würden, wären die technologischen Herausforderungen für ihre Stabilität und Steuerbarkeit enorm.

Ein anderer Ansatz zur Erforschung von Zeitreisen ist die Nutzung von Schwarzen Löchern. Die starken Gravitationskräfte in der Nähe von Schwarzen Löchern könnten es theoretisch ermöglichen, Zeit zu manipulieren. In der Nähe eines rotierenden Schwarzen Lochs könnte ein Phänomen namens "Frame-Dragging" auftreten, bei dem die Raumzeit um das Schwarze Loch herum verzerrt wird. Dies könnte theoretisch dazu verwendet werden, Zeitmanipulation zu erreichen, aber auch hier sind die technologischen und praktischen Herausforderungen erheblich.

Ein interessanter Aspekt ist, dass die Entdeckungen in der Quantenphysik neue Perspektiven auf Zeitreisen eröffnet haben könnten. Das Phänomen der Quantenverschränkung, bei dem zwei Teilchen in einer Weise miteinander verbunden sind, dass ihre Zustände untrennbar miteinander verknüpft sind, wirft Fragen nach der Möglichkeit auf, dass Informationen schneller als Licht übertragen werden könnten. Einige Theorien spekulieren, dass diese Verschränkung genutzt werden könnte, um in der Zeit zu reisen. Es ist jedoch wichtig anzumerken, dass Quanten-phänomene extrem komplex und oft schwer zu kontrollieren sind, und ihre Anwendung zur Zeitmanipulation noch weit entfernt ist.

Während die technologischen Fortschritte und theoretischen Modelle die Möglichkeit von Zeitreisen theoretisch eröffnen, stehen enorme technologische und praktische Hürden im Weg. Die benötigte Energie, exotische Materie, Stabilität von Wurmlöchern oder die Steuerung von Schwarzen Löchern sind nur einige der Herausforderungen. Die Manipulation von Zeit und Raum ist nicht nur eine Frage der Physik, sondern auch der Technik, die weit über das hinausgeht, was derzeit möglich ist.

Ein weiteres relevantes Thema ist die Frage der Ethik und Sicherheit im Zusammenhang mit Zeitreisen. Die Auswirkungen von Veränderungen in der Vergangenheit könnten weitreichende Konsequenzen haben und möglicherweise zu Paradoxa und Widersprüchen führen. Die Vorstellung von Menschen, die in die Vergangenheit reisen, um historische Ereignisse zu beeinflussen, wirft Fragen nach Verantwortung und Kontrolle auf. Die ethischen Implikationen der Veränderung von Zeitlinien könnten sich auf individueller, gesellschaftlicher und globaler Ebene auswirken.

Die Diskussion über technologische Fortschritte und die Möglichkeit von Zeitreisen ist also nicht nur auf theoretische Physik beschränkt, sondern berührt auch ethische, philosophische und soziale Fragen. Die Vorstellung von Zeitmanipulation regt zu Überlegungen über die Grenzen der Menschheit, die Natur des Universums und die Verantwortung für unsere Handlungen an. Während die Möglichkeit von Zeitreisen in der Zukunft möglicherweise noch ungewiss ist, zeigt die Erforschung dieser Idee die Fähigkeit des menschlichen Geistes, die tiefsten Geheimnisse der Realität zu ergründen und nach Antworten auf grundlegende Fragen zu suchen.

1.10 Ethische Überlegungen und Auswirkungen von Zeitreisen

Die Möglichkeit von Zeitreisen wirft nicht nur wissenschaftliche und philosophische Fragen auf, sondern wirft auch eine Vielzahl von ethischen Überlegungen auf. Das Kapitel, "Ethische Überlegungen und Auswirkungen von Zeitreisen", taucht tief in die moralischen, sozialen und individuellen Implikationen ein, die mit der Fähigkeit zur Manipulation von Zeit verbunden sind.

Die Idee von Zeitreisen hat potenziell weitreichende Auswirkungen auf die Geschichte, die Menschheit und die individuellen Lebensverläufe. Die Frage nach dem "was wäre, wenn?" wird besonders relevant, wenn die Möglichkeit besteht, in die Vergangenheit zu reisen und Ereignisse zu verändern. Hier taucht die "Butterfly Effect"-Theorie auf, die besagt, dass selbst geringfügige Veränderungen in der Vergangenheit drastische Konsequenzen für die Zukunft haben könnten. Dies wirft ethische

Fragen auf, wie etwa die Verantwortung für die Folgen von Veränderungen in der Vergangenheit und die mögliche Schaffung von alternativen Zeitlinien.

Ein weiteres ethisches Dilemma entsteht durch die Frage nach der Einflussnahme auf historische Ereignisse. Die Möglichkeit, in die Vergangenheit zu reisen und beispielsweise wichtige historische Figuren zu beeinflussen, stellt die Integrität der Vergangenheit in Frage. Könnten solche Eingriffe in die Zeitlinie dazu führen, dass historische Entwicklungen gestört oder sogar manipuliert werden? Das Erzwingen eines bestimmten Verlaufs der Geschichte könnte sowohl moralisch bedenklich als auch gefährlich sein, da es die Autonomie und Freiheit vergangener Ereignisse beeinträchtigen würde.

Die Frage nach der Identität und dem Selbst wird ebenfalls durch Zeitreisen kompliziert. Wenn jemand in die Vergangenheit reist und dort mit seinem jüngeren Selbst interagiert oder Ereignisse verändert, entstehen Paradoxa wie das berühmte "Großvater-Paradoxon". Dieses Paradoxon besagt, dass die Veränderung der Vergangenheit dazu führen könnte, dass die eigene Geburt verhindert wird. Diese Überlegungen rufen Fragen nach der Kontinuität der Identität, der Kausalität und der Möglichkeit von Selbstwidersprüchen auf.

Die ethischen Bedenken erstrecken sich auch auf die Zukunft. Wenn Zeitreisen theoretisch möglich wären, könnten Menschen in die Zukunft reisen und dort Informationen sammeln, die für ihren eigenen Vorteil genutzt werden könnten. Dies könnte zu ungleicher Verteilung von Wissen, Macht und Ressourcen führen und soziale Ungerechtigkeit verschärfen. Die ethische Frage, wer Zugang zu Zeitreisen haben sollte und wie dies reguliert werden könnte, wirft Debatten über Gerechtigkeit und Gleichheit auf.

Die Verantwortung für die Konsequenzen von Zeitmanipulation ist ein weiteres zentrales Thema. Wenn jemand in die Vergangenheit reist und Ereignisse verändert, könnten die Auswirkungen auf andere Menschen drastisch sein. Das Handeln einer Person könnte das Schicksal vieler beeinflussen, ohne dass sie die Wahl haben, eingreifen zu können. Diese Idee wirft Fragen nach der moralischen Verantwortung und den möglichen ethischen Pflichten auf, die mit der Fähigkeit zur Zeitmanipulation einhergehen könnten.

Die ethischen Überlegungen im Zusammenhang mit Zeitreisen haben auch gesellschaftliche und globale Auswirkungen. Die Veränderung von historischen Ereignissen könnte nicht nur individuelle Leben, sondern auch ganze Gesellschaften und Kulturen beeinflussen. Diese Überlegungen haben Parallelen zur Diskussion über Geschichtsfälschung und die ethische Verantwortung gegenüber vergangenen Generationen.

Insgesamt wirft das Kapitel, "Ethische Überlegungen und Auswirkungen von Zeitreisen", wichtige Fragen auf, die über die wissenschaftliche und philosophische Debatte hinausgehen. Es zeigt, wie die Möglichkeit von Zeitmanipulation tiefgreifende moralische Dilemmata aufwirft und wie diese Überlegungen unser Verständnis von Verantwortung, Identität, Geschichte und Gesellschaft herausfordern. Die ethische Dimension der Zeitreisen lädt dazu ein, über die Grenzen des technologisch Möglichen hinauszudenken und die menschlichen Werte und Prinzipien in der Erforschung dieses faszinierenden Konzepts zu berücksichtigen.

Kapitel 2: Grundlagen der Raumzeit und Relativität

2.1 Einsteins Relativitätstheorie: Raumzeit und Zeitdilatation

Die Einsteinsche Relativitätstheorie hat das fundamentale Verständnis von Raum, Zeit und Gravitation revolutioniert und bildet einen wesentlichen Rahmen für die Diskussion über Zeitreisen. Das Kapitel, "Einsteins Relativitätstheorie: Raumzeit und Zeitdilatation", taucht tief in die Theorie ein, die die Grundlage für unser modernes Verständnis der Raumzeit und ihrer Beziehung zur Zeit legt.

Ein zentraler Punkt der Relativitätstheorie ist die Konzeption von Raum und Zeit als eine zusammenhängende Einheit, die als Raumzeit bezeichnet wird. In der klassischen Physik wurden Raum und Zeit als unabhängige und absolute Entitäten betrachtet. Einstein argumentierte jedoch, dass Raum und Zeit miteinander verflochten sind und von der Wahrnehmung des Beobachters abhängen. Diese Idee führte zur Entwicklung der speziellen und allgemeinen Relativitätstheorie.

Die spezielle Relativitätstheorie, die 1905 von Einstein vorgestellt wurde, legt den Grundstein für das Verständnis von Raumzeit und Zeitdilatation. Sie besagt, dass Raum und Zeit für verschiedene Beobachter relativ sind und von ihrer Relativgeschwindigkeit abhängen. Die Theorie führt zur berühmten Gleichung $E=mc^2$, die die Äquivalenz von Masse und Energie zeigt und die Erkenntnis brachte, dass Energie in Materie umgewandelt werden kann und umgekehrt.

Ein Schlüsselaspekt der speziellen Relativitätstheorie ist die Zeitdilatation. Diese besagt, dass die Zeit für einen Beobachter, der sich mit hoher Geschwindigkeit relativ zu einem anderen bewegt, langsamer vergeht. Dieses Phänomen wurde in verschiedenen Experimenten nachgewiesen, darunter das sogenannte Zwillingsparadoxon. Hierbei reist ein Zwilling ins Weltall und kehrt nach einer längeren Reisezeit auf die Erde zurück, während der andere Zwilling auf der Erde geblieben ist. Der reisende Zwilling ist tatsächlich jünger als der auf der Erde gebliebene Zwilling, was auf die Zeitdilatation zurückzuführen ist.

Die allgemeine Relativitätstheorie, die 1915 vorgestellt wurde, erweitert das Konzept der Raumzeit und beschreibt die Gravitation als Krümmung dieser Raumzeit. Massereiche Objekte verursachen eine Krümmung des Raumzeitkontinuums um sie herum, was die Bewegung von Objekten in ihrer Nähe beeinflusst. Diese Krümmung erklärt das Phänomen der Gravitation und wurde durch Experimente wie die Beobachtung von Lichtablenkung während einer Sonnenfinsternis bestätigt.

Ein weiterer bedeutender Aspekt der allgemeinen Relativitätstheorie ist die Vorhersage von Zeitdilatation in der Nähe von starken Gravitationsfeldern. In der Nähe von massereichen Objekten wie Schwarzen Löchern oder Neutronensternen verlangsamt sich die Zeit für Beobachter, die sich in diesen Gravitationsfeldern befinden. Dieses Phänomen wurde ebenfalls experimentell bestätigt, unter anderem durch hochpräzise Uhren, die in Flugzeugen und Satelliten verwendet werden.

Die Einsteinsche Relativitätstheorie bildet eine solide Grundlage für die Diskussion über Zeitreisen, da sie zeigt, wie Raum und Zeit miteinander verwoben sind und wie die Bewegung und die Gravitation ihre Wahrnehmung beeinflussen können. Die Zeitdilatation, die aus der Relativitätstheorie resultiert, zeigt, dass die Geschwindigkeit und die Gravitation die Wahrnehmung von Zeit verändern können. Dieses Konzept der relativen Zeit legt den Grundstein für die Diskussion über die Möglichkeit von Zeitreisen und wie diese im Einklang mit den Prinzipien der Physik stehen könnten.

Insgesamt verdeutlicht das Kapitel, "Einsteins Relativitätstheorie: Raumzeit und Zeitdilatation", wie die Theorien von Einstein unser Verständnis von Raum, Zeit und Gravitation revolutioniert haben. Die Konzepte der speziellen und allgemeinen Relativitätstheorie haben nicht nur die Physik transformiert, sondern auch die

Grundlage für die Untersuchung von Zeitreisen geschaffen. Die Vorstellung von Raumzeit und Zeitdilatation eröffnet die Tür zu faszinierenden Überlegungen darüber, wie Zeitreisen theoretisch möglich sein könnten und welche Herausforderungen dies mit sich bringt.

2.2 Konzepte von Raum und Zeit in der Physik

Das Kapitel, "Konzepte von Raum und Zeit in der Physik", widmet sich einer eingehenden Untersuchung der verschiedenen Konzepte von Raum und Zeit innerhalb der physikalischen Theorien. Dieses Kapitel erkundet die Entwicklung dieser Konzepte von den klassischen Vorstellungen bis hin zu den modernen Theorien der Physik und beleuchtet, wie diese Konzepte unser Verständnis von Zeitreisen beeinflusst haben.

Die klassische Physik des 17. Jahrhunderts betrachtete Raum und Zeit als unabhängige und absolut konstante Entitäten. Isaac Newton formulierte das Konzept eines absoluten Raums und einer absoluten Zeit, die als Hintergrund für alle physikalischen Prozesse dienten. Diese Vorstellung dominierte das Denken über Raum und Zeit für Jahrhunderte und führte zu einer klaren Trennung zwischen den beiden Größen.

Mit Einsteins spezieller Relativitätstheorie im Jahr 1905 änderte sich jedoch das Verständnis von Raum und Zeit grundlegend. Einstein argumentierte, dass Raum und Zeit miteinander verflochten sind und von der Bewegung des Beobachters abhängen. Die spezielle Relativitätstheorie führte zur Idee der Raumzeit, einer zusammenhängenden Einheit, in der Raum und Zeit untrennbar miteinander verbunden sind. Dieser Paradigmenwechsel führte zu einer neuen Sichtweise, bei der Raum und Zeit nicht mehr unabhängige Größen sind, sondern eine einzige Entität darstellen.

Die allgemeine Relativitätstheorie, die Einstein 1915 entwickelte, baute auf dieser Idee der Raumzeit auf. Sie beschrieb die Gravitation als Krümmung der Raumzeit um massive Objekte.

Dieses Konzept, das als Äquivalenzprinzip bekannt ist, führte dazu, dass Massenobjekte die Geometrie der Raumzeit beeinflussen und die Bewegung von Objekten in ihrer Nähe beeinflussen. Die Krümmung der Raumzeit erklärt die Schwerkraft und zeigt, wie stark die Verbindung zwischen Raum, Zeit und Gravitation ist.

Die Quantenphysik, die im 20. Jahrhundert entwickelt wurde, brachte eine neue Schicht der Komplexität in das Verständnis von Raum und Zeit. Die Heisenbergsche Unschärferelation besagt, dass die genaue gleichzeitige Bestimmung von Ort und Impuls eines Teilchens unmöglich ist. Dieses Prinzip wirft Fragen nach der fundamentalen Natur von Raum und Zeit auf, insbesondere auf mikroskopischer Ebene. Die Idee von Quantenfeldern und virtuellen Teilchen schafft eine dynamische und unscharfe Vorstellung von Raum, in der die klassische Unterscheidung zwischen "leerem Raum" und "Materie" verschwimmt.

Die Stringtheorie und die Schleifenquantengravitation sind moderne physikalische Theorien, die sich mit einer vereinheitlichten Beschreibung von Raum, Zeit, Materie und Gravitation befassen. Die Stringtheorie postuliert, dass die grundlegendsten Bausteine der Natur winzige schwingende Saiten sind, die auf subatomarer Ebene Raum und Zeit definieren. Die Schleifenquantengravitation betrachtet Raum und Zeit als "Schleifen" von Quantenfeldern, die die Krümmung und Struktur der Raumzeit erzeugen.

Diese verschiedenen Konzepte von Raum und Zeit innerhalb der Physik haben direkte Auswirkungen auf die Diskussion über Zeitreisen. Die Idee der Raumzeit in der speziellen und allgemeinen Relativitätstheorie ermöglicht theoretisch die Möglichkeit von Zeitreisen durch die Manipulation von Raumzeitkrümmungen, Geschwindigkeit und Gravitation. Die Quantenphysik bringt jedoch eine Unsicherheit und Unbestimmtheit in das Konzept von Raum und Zeit, die unsere Vorstellung von Kontinuität und Kausalität in Frage stellen.

Insgesamt zeigt das Kapitel, "Konzepte von Raum und Zeit in der Physik", wie das Verständnis von Raum und Zeit in der Physik von einer einfachen Trennung zu einer tiefen Verflechtung entwickelt hat. Die Vorstellung von Raumzeit als zusammenhängende Einheit hat das Fundament für die moderne Physik gelegt und eröffnet die Tür zu faszinierenden Diskussionen über die Möglichkeit von Zeitreisen. Die verschiedenen Theorien, von der speziellen Relativitätstheorie bis zur Quantenphysik und zur Stringtheorie, bieten unterschiedliche Perspektiven auf die Natur von Raum und Zeit, die unser Verständnis von Zeitmanipulation prägen.

2.3 Kausalität und Determinismus

Das Kapitel, "Kausalität und Determinismus", taucht in die tiefgreifenden Konzepte von Kausalität und Determinismus ein und untersucht, wie diese Ideen unsere Vorstellung von Zeitreisen beeinflussen. Dieses Kapitel ergründet die Natur von Ursache und Wirkung, die Rolle von Determinismus in der Physik und Philosophie sowie die Herausforderungen, die diese Konzepte für das Konzept der Zeitmanipulation darstellen.

Kausalität, das Prinzip von Ursache und Wirkung, ist eine fundamentale Idee in der menschlichen Wahrnehmung und in wissenschaftlichen Untersuchungen. Es besagt, dass jede Handlung oder jedes Ereignis eine Ursache hat und zu bestimmten Konsequenzen führt. Dieses Prinzip bildet die Grundlage für unser Verständnis von Kausalzusammenhängen in der Natur und ermöglicht es uns, die Welt um uns herum zu erklären und vorherzusagen.

Im Kontext von Zeitreisen wirft die Idee der Kausalität wichtige Fragen auf. Wenn jemand in die Vergangenheit reisen würde und dort Ereignisse verändert, könnte dies zu Paradoxa führen, bei denen sich Ursache und Wirkung scheinbar auflösen. Das berühmte "Großvater-Paradoxon" ist ein solches Beispiel, bei dem jemand in die Vergangenheit reist und verhindert, dass sein Großvater geboren wird. Dies würde jedoch zu einer Inkonsistenz führen, da seine eigene Existenz dadurch gefährdet wäre.

Die Möglichkeit solcher Paradoxa wirft die Frage auf, ob Zeitreisen mit dem Prinzip der Kausalität vereinbar sind. Einige Theorien argumentieren, dass die Selbstkohärenz des Universums solche Paradoxa verhindern würde, indem sie alternative Zeitlinien oder Paralleluniversen schaffen würden. Andere Ansichten schlagen vor, dass Zeitreisen aufgrund der Selbstkonsistenzprinzipien der Physik begrenzt sind, was bedeutet, dass Ereignisse in der Zeit so verlaufen würden, dass sie konsistent bleiben.

Der Determinismus ist eng mit der Kausalität verbunden und betrifft die Frage, ob die Zukunft vorherbestimmt ist und ob es einen festen, vorherbestimmten Ablauf von Ereignissen gibt. In der klassischen Physik wurde oft angenommen, dass das Universum deterministisch ist, dh dass die zukünftigen Zustände eines Systems eindeutig aus seinen gegenwärtigen Zuständen vorhergesagt werden können. Dieses deterministische Weltbild wurde jedoch durch die Quantenphysik herausgefordert.

Die Quantenphysik führt das Konzept der Unbestimmtheit ein, das besagt, dass es Grenzen für die gleichzeitige Bestimmung von Ort und Impuls eines Teilchens gibt. Diese Unbestimmtheit manifestiert sich in Form von Wahrscheinlichkeitswellen und Heisenbergs Unschärferelation. Dies wirft die Frage auf, ob die Zukunft wirklich vorherbestimmt ist oder ob es eine inhärente Unbestimmtheit in der Natur gibt.

Der Determinismus und die Unbestimmtheit haben Auswirkungen auf die Möglichkeit von Zeitreisen. Wenn das Universum deterministisch wäre, könnte die Idee von Zeitreisen in die Vergangenheit zu Widersprüchen führen, da jede Veränderung der Vergangenheit Auswirkungen auf die Gegenwart und die Zukunft hätte. Die Unbestimmtheit der Quantenphysik könnte jedoch eine gewisse Flexibilität bieten, indem sie alternative Möglichkeiten für die Gestaltung der Zeitlinien eröffnet.

Die Diskussion über Kausalität und Determinismus beleuchtet die komplexen Überlegungen, die mit Zeitreisen einhergehen. Die

Möglichkeit von Paradoxa und die Herausforderungen der Selbstkohärenz und des Selbstkonsistenzprinzips werfen die Frage auf, ob bestimmte Arten von Zeitreisen theoretisch möglich sind. Die Verbindung zwischen Determinismus und Unbestimmtheit wirft eine weitere Schicht der Unsicherheit über die Vorhersehbarkeit und Kontrollierbarkeit von Zeitreisen auf.

Insgesamt verdeutlicht das Kapitel, "Kausalität und Determinismus", wie die Konzepte von Ursache, Wirkung, Determinismus und Unbestimmtheit das Verständnis von Zeitreisen formen. Diese philosophischen Überlegungen haben direkte Auswirkungen auf die wissenschaftlichen Theorien und Modelle, die die Möglichkeit von Zeitmanipulation erforschen. Die Spannung zwischen Kausalität und Paradoxien, Determinismus und Unbestimmtheit schafft einen reichen Boden für Debatten über die theoretische Machbarkeit und die Konsequenzen von Zeitreisen.

2.4 Raumzeitkrümmung und Gravitation
Das Kapitel, "Raumzeitkrümmung und Gravitation", widmet sich der komplexen Beziehung zwischen der Krümmung der Raumzeit und der Entstehung von Gravitation. Dieses Kapitel untersucht die Grundlagen der Einsteinschen allgemeinen Relativitätstheorie, die die Krümmung der Raumzeit durch die Anwesenheit von Masse und Energie beschreibt, und wie diese Krümmung die Bewegung von Objekten beeinflusst.

Die allgemeine Relativitätstheorie, von Albert Einstein im Jahr 1915 entwickelt, revolutionierte unser Verständnis von Gravitation. Statt die Gravitation als eine mysteriöse Kraft zu betrachten, postulierte Einstein, dass massive Objekte die Raumzeit um sich herum krümmen. Die Krümmung dieser Raumzeit beeinflusst die Bewegung von Objekten in ihrer Nähe und wird als Gravitation wahrgenommen.

Die mathematische Beschreibung dieser Krümmung erfolgt durch die Einstein'schen Feldgleichungen, die eine Beziehung zwischen der Krümmung der Raumzeit und der Energie-Masse-Verteilung herstellen. Massereiche Objekte wie Planeten oder Sterne verursachen eine Krümmung der Raumzeit um sich herum, ähnlich wie ein Ball eine elastische Oberfläche in seiner Nähe eindrückt. Andere Objekte bewegen sich nun auf gekrümmten Bahnen, die von der Krümmung der Raumzeit bestimmt werden, was wir als Gravitation wahrnehmen.

Ein wichtiges Konzept, das aus der allgemeinen Relativitätstheorie hervorgeht, ist das Äquivalenzprinzip. Es besagt, dass die Schwerkraft und die Beschleunigung äquivalent sind. Dies bedeutet, dass ein Beobachter in einem beschleunigten Raumfahrzeug keine Möglichkeit hat, festzustellen, ob er von einer Schwerkraftquelle angezogen wird oder ob er sich in einer beschleunigten Rakete befindet. Dieses Prinzip führte zu tiefen Einsichten in die Natur der Gravitation und half, die allgemeine Relativitätstheorie zu formulieren.

Die Krümmung der Raumzeit wirkt sich nicht nur auf die Bewegung von Objekten aus, sondern beeinflusst auch die Ausbreitung von Licht. Dies wurde durch das berühmte Experiment während einer Sonnenfinsternis bestätigt, bei dem das Licht von Sternen in der Nähe der Sonne abgelenkt wird, wenn es das gravitative Feld der Sonne passiert. Diese Lichtablenkung bestätigte die Vorhersagen der allgemeinen Relativitätstheorie und stärkte ihre Glaubwürdigkeit.

Die Raumzeitkrümmung hat auch eine direkte Verbindung zur Möglichkeit von Zeitreisen. Einige Modelle theoretisieren, dass die Krümmung der Raumzeit so stark sein könnte, dass sie Schleifen oder Krümmungen erzeugt, die es einem Objekt ermöglichen würden, in die Vergangenheit oder die Zukunft zu reisen. Solche Konzepte werfen jedoch wichtige Fragen nach der Stabilität solcher Raumzeitstrukturen und der Möglichkeit von Paradoxa auf.

Die Idee von Raumzeitkrümmung und Gravitation hat tiefe Auswirkungen auf unser Verständnis von Zeitreisen und die theoretische Machbarkeit von Manipulationen in der Raumzeit. Sie zeigt, wie massive Objekte die Geometrie der Raumzeit beeinflussen und wie diese Beeinflussung die Bewegung von Objekten bestimmt. Die Möglichkeit von Raumzeitkrümmungen, die es einem Objekt ermöglichen könnten, durch die Raumzeit zu reisen, ist eine faszinierende Idee, die jedoch noch viele Herausforderungen und Unbekannte birgt.

Insgesamt zeigt das Kapitel, "Raumzeitkrümmung und Gravitation", wie die allgemeine Relativitätstheorie unsere Vorstellung von Gravitation verändert hat und wie die Krümmung der Raumzeit die Grundlage für die Untersuchung von Zeitreisen bildet. Die enge Verbindung zwischen Raumzeitkrümmung und Gravitation eröffnet neue Perspektiven auf die Möglichkeit von Raumzeitmanipulation und lädt zu tiefen wissenschaftlichen Untersuchungen und Spekulationen über die Natur der Zeitreisen ein.

2.5 Relativistische Effekte in der Alltagswelt

Das Kapitel, "Relativistische Effekte in der Alltagswelt", wirft einen Blick auf die Auswirkungen der speziellen Relativitätstheorie auf unseren alltäglichen Erfahrungsbereich. Diese Effekte sind normalerweise auf Geschwindigkeiten nahe der Lichtgeschwindigkeit beschränkt, aber sie zeigen dennoch, wie tiefgreifend die Relativitätstheorie unser Verständnis von Raum, Zeit und Bewegung verändert hat.

Die spezielle Relativitätstheorie, von Albert Einstein im Jahr 1905 entwickelt, enthüllt einige erstaunliche Konsequenzen, die auftreten, wenn sich Objekte mit einer signifikanten Bruchteil der Lichtgeschwindigkeit bewegen. Eine solche Geschwindigkeit ist im Alltag nicht typisch, aber einige der Effekte können dennoch auf subtile Weise beobachtet werden.

Die Zeitdilatation ist eines dieser relativistischen Phänomene. Sie besagt, dass die Zeit für ein sich bewegendes Objekt im Vergleich zu einem ruhenden Beobachter langsamer vergeht. Dies mag auf den ersten Blick paradox erscheinen, aber es wurde in zahlreichen Experimenten und Beobachtungen bestätigt. Beispielsweise zeigen hochpräzise Uhren, die in Flugzeugen oder Satelliten mit hoher Geschwindigkeit bewegt werden, eine geringfügig unterschiedliche Zeit im Vergleich zu Bodenuhren.

Ein weiterer Effekt ist die Längenkontraktion, die besagt, dass sich Objekte, die sich mit hoher Geschwindigkeit bewegen, in Bewegungsrichtung verkürzen. Dies wurde in Teilchenbeschleunigern beobachtet, in denen sich subatomare Teilchen mit enormen Geschwindigkeiten bewegen und ihre Lebensdauer aufgrund der Längenkontraktion zunimmt.

Die Relativitätstheorie hat auch Auswirkungen auf die Energie-Masse-Äquivalenz. Die berühmte Gleichung $E=mc^2$ zeigt, dass Energie und Masse miteinander äquivalent sind und ineinander umgewandelt werden können. Diese Beziehung hat praktische Anwendungen in Kernreaktionen und der Kernenergiegewinnung.

In der modernen Technologie beeinflussen relativistische Effekte die Funktionsweise von Teilchenbeschleunigern, GPS-Systemen und Satellitenkommunikation. Ohne Berücksichtigung der speziellen Relativitätstheorie könnten GPS-Systeme aufgrund der relativistischen Effekte um mehrere Kilometer ungenau sein. Die genaue Berechnung dieser Effekte ist entscheidend für die präzise Positionsbestimmung auf der Erde.

Obwohl die Geschwindigkeiten, bei denen diese relativistischen Effekte im Alltag auftreten, normalerweise vernachlässigbar sind, verdeutlichen sie dennoch die fundamentale Veränderung unseres Verständnisses von Raum und Zeit durch die Relativitätstheorie. Die Idee, dass Zeit und Raum miteinander verflochten sind und von der Bewegung abhängen, hat nicht nur theoretische Implikationen, sondern auch praktische Anwendungen in der modernen Technologie.

Die Diskussion über relativistische Effekte in der Alltagswelt zeigt, wie tiefgreifend die Relativitätstheorie unser Verständnis von Raum und Zeit beeinflusst hat. Obwohl diese Effekte normalerweise in extremen Situationen auftreten, bieten sie dennoch einen Einblick in die grundlegenden Prinzipien der Relativitätstheorie. Sie verdeutlichen, wie Geschwindigkeit und Bewegung unser Verständnis von Zeit und Raum verändern können, und sie unterstreichen die Bedeutung der Berücksichtigung dieser Effekte in modernen Technologien und wissenschaftlichen Berechnungen.

Insgesamt verdeutlicht das Kapitel, "Relativistische Effekte in der Alltagswelt", wie die spezielle Relativitätstheorie nicht nur theoretische Konzepte liefert, sondern auch praktische Auswirkungen auf unseren Alltag hat. Die Zeitdilatation, Längenkontraktion und Energie-Masse-Äquivalenz sind wichtige Aspekte, die unser Verständnis der fundamentalen Eigenschaften von Raum und Zeit erweitern und zeigen, wie selbst scheinbar abstrakte Theorien reale Auswirkungen haben können.

2.6 Raumzeit und die vierte Dimension

Das Kapitel, "Raumzeit und die vierte Dimension", führt uns in die Welt der multidimensionalen Raumzeit ein und untersucht, wie die Idee der Zeit als vierte Dimension unser Verständnis von Raum, Zeit und ihrer Beziehung zueinander verändert hat. Dieses Kapitel erforscht die Konzepte von Raumzeit-Diagrammen, Raumzeit-Krümmung und wie die Zeit als Dimension in die mathematischen Beschreibungen der Physik integriert wird.

Die Idee der Raumzeit als eine vierdimensionale Entität geht auf die Einsteinsche spezielle Relativitätstheorie zurück, die Raum und Zeit miteinander verknüpft. In dieser Sichtweise wird Raumzeit als ein Kontinuum betrachtet, in dem Raum und Zeit nicht getrennt existieren, sondern eng miteinander verwoben sind. Dies führt zur Vorstellung, dass Orte und Ereignisse nicht nur durch ihre räumlichen Koordinaten, sondern auch durch ihre zeitliche Koordinate definiert werden.

Die Einbeziehung der Zeit als vierte Dimension hat tiefgreifende Auswirkungen auf die Art und Weise, wie wir physikalische Phänomene modellieren und visualisieren. Raumzeit-Diagramme sind eine gängige Methode, um Bewegungen von Objekten und Ereignissen in der Raumzeit darzustellen. Diese Diagramme verwenden die drei räumlichen Dimensionen plus die Zeitachse, um die Position und den Verlauf von Objekten über die Zeit hinweg darzustellen.

Die Idee der Raumzeit als vierte Dimension erlaubt es auch, die Krümmung der Raumzeit mathematisch zu beschreiben. Die Einsteinschen Feldgleichungen der allgemeinen Relativitätstheorie nutzen die vierdimensionale Raumzeit, um die Krümmung und die Verteilung der Energie-Masse im Universum zu beschreiben. Diese Gleichungen zeigen, wie massive Objekte die Geometrie der Raumzeit beeinflussen und wie dies zur Entstehung von Gravitation führt.

Die Integration der Zeit als vierte Dimension hat auch Auswirkungen auf die Untersuchung von Zeitreisen. Wenn die Zeit als eine weitere Dimension des Raumes betrachtet wird, könnte die Manipulation dieser Dimension theoretisch zu Reisen in die Vergangenheit oder Zukunft führen. Einige Theorien postulieren, dass gekrümmte Raumzeitstrukturen es einem Objekt erlauben könnten, eine Zeitlinie zu durchqueren und an einem anderen Ort in der Raumzeit wieder aufzutauchen.

Jedoch wirft die Idee der Zeit als vierte Dimension auch philosophische und praktische Fragen auf. Wenn die Zeit in die gleiche Kategorie wie die räumlichen Dimensionen fällt, stellt sich die Frage nach der Natur der Zukunft und ob sie genauso "real" ist wie die Gegenwart und die Vergangenheit. Außerdem erfordert die mathematische Behandlung der Zeit als Dimension besondere Überlegungen und Methoden, da sie sich in ihrer Natur von den räumlichen Dimensionen unterscheidet.

Die Vorstellung der Raumzeit als eine vierdimensionale Entität hat unser Verständnis von Raum und Zeit tiefgreifend verändert. Sie hat es ermöglicht, physikalische Phänomene in einer umfassenderen Weise zu modellieren und zu erklären, und hat uns geholfen, die Gravitation als Krümmung der Raumzeit zu verstehen. Die Integration der Zeit als vierte Dimension hat auch die Tür zu Überlegungen über Zeitreisen geöffnet und hat uns dazu veranlasst, die Natur der Zeit und ihre Beziehung zur Raumdimension zu hinterfragen.

Das Kapitel, "Raumzeit und die vierte Dimension", verdeutlicht, wie die Idee der Raumzeit als eine vierdimensionale Entität unser Verständnis von Raum, Zeit und ihrer Verbindung transformiert hat. Die Einführung der Zeit als vierte Dimension hat nicht nur theoretische Auswirkungen auf die Physik, sondern eröffnet auch philosophische und praktische Überlegungen über die Natur der Zeit und die Möglichkeit von Zeitreisen. Die Integration der Zeit in die mathematische Beschreibung der Raumzeit erweitert unsere Perspektive auf die Struktur des Universums und eröffnet eine breite Palette von Fragen und Untersuchungen.

2.7 Die Rolle von Lichtgeschwindigkeit in der Physik

Das Kapitel, "Die Rolle von Lichtgeschwindigkeit in der Physik", widmet sich der zentralen Bedeutung der Lichtgeschwindigkeit in den physikalischen Theorien und wie sie unser Verständnis von Raum, Zeit und Geschwindigkeit geprägt hat. Dieses Kapitel erforscht die Konzepte der Konstanz der Lichtgeschwindigkeit, Lorentz-Transformationen und ihre Auswirkungen auf das Raumzeit-Kontinuum.

Die Konstanz der Lichtgeschwindigkeit, eine der grundlegenden Annahmen der speziellen Relativitätstheorie, besagt, dass die Lichtgeschwindigkeit im Vakuum für alle Beobachter unabhängig von ihrer Bewegung gleich ist. Diese Idee wurde durch zahlreiche Experimente bestätigt und hat zu tiefgreifenden Konsequenzen für unser Verständnis von Raum und Zeit geführt. Sie bricht mit der klassischen Vorstellung von "absoluter" Zeit und Geschwindigkeit und betont stattdessen die Abhängigkeit dieser Größen von der relativen Bewegung der Beobachter.

Lorentz-Transformationen sind mathematische Gleichungen, die die Beziehung zwischen den Raumzeitkoordinaten eines Ereignisses in einem bewegten Bezugssystem und einem ruhenden Bezugssystem beschreiben. Diese Transformationen erklären, wie sich Raum und Zeit aus der Perspektive unterschiedlich bewegter Beobachter verhalten. Sie zeigen, wie Geschwindigkeiten sich relativ zueinander verhalten und wie dies zu relativistischen Effekten wie Zeitdilatation und Längenkontraktion führt.

Die Konstanz der Lichtgeschwindigkeit und die Lorentz-Transformationen führen zur Entdeckung der relativistischen Effekte, die bei hohen Geschwindigkeiten auftreten. Die Zeitdilatation, die besagt, dass sich die Zeit für bewegte Beobachter langsamer bewegt, wurde bereits erwähnt. Ebenso führt die Längenkontraktion dazu, dass Objekte in Bewegungsrichtung kürzer werden. Diese Effekte sind normalerweise in unserem alltäglichen Erfahrungsbereich vernachlässigbar, können jedoch in Experimenten mit Teilchenbeschleunigern und extrem hohen Geschwindigkeiten beobachtet werden.

Die Lichtgeschwindigkeit spielt auch eine entscheidende Rolle in der Formulierung der speziellen Relativitätstheorie. Sie definiert die obere Grenze für Geschwindigkeiten und zeigt, dass nichts schneller als das Licht sein kann. Dies führt zur Idee der "Lichtscheibe", die die Grenze zwischen Raum und Zeit in der Raumzeit darstellt. Alles, was sich mit Lichtgeschwindigkeit bewegen könnte, würde entlang dieser Lichtscheibe reisen und die Grenze zwischen Vergangenheit, Gegenwart und Zukunft verschwimmen lassen.

Die Lichtgeschwindigkeit beeinflusst auch das Konzept der Gleichzeitigkeit. In der klassischen Vorstellung gelten Ereignisse, die gleichzeitig in einem Bezugssystem stattfinden, auch als gleichzeitig in allen anderen Bezugssystemen. Die spezielle Relativitätstheorie zeigt jedoch, dass gleichzeitige Ereignisse aus der Perspektive verschiedener Beobachter nicht immer gleichzeitig sind. Dieses Konzept der Relativität der Gleichzeitigkeit führt zu

Paradoxa wie dem "Zwilling-Paradoxon", bei dem ein Zwilling auf einer Raumfahrtmission langsamer altert als der auf der Erde verbleibende Zwilling.

Die Lichtgeschwindigkeit spielt auch eine wichtige Rolle in der allgemeinen Relativitätstheorie, insbesondere in Bezug auf Gravitation. Die Gravitationswellen, die von massereichen Objekten erzeugt werden, bewegen sich mit Lichtgeschwindigkeit durch die Raumzeit. Dies zeigt, wie die Krümmung der Raumzeit durch massive Objekte Einfluss auf die Ausbreitung von Information, einschließlich Licht, hat.

Insgesamt verdeutlicht das Kapitel, "Die Rolle von Lichtgeschwindigkeit in der Physik", wie die Konstanz der Lichtgeschwindigkeit und die damit verbundenen Konzepte unser Verständnis von Raum, Zeit und Bewegung grundlegend verändert haben. Die Lichtgeschwindigkeit definiert die obere Geschwindigkeitsgrenze und wirft Fragen nach der Natur von Zeit, Geschwindigkeit und Gleichzeitigkeit auf. Die Lichtgeschwindigkeit prägt die Struktur der Raumzeit und beeinflusst, wie wir physikalische Phänomene modellieren und interpretieren. Die Konstanz der Lichtgeschwindigkeit und die daraus resultierenden Effekte haben nicht nur unser Verständnis der Physik revolutioniert, sondern auch unser Verständnis der grundlegenden Natur des Universums.

2.8 Die Quantisierung von Zeit: Einblicke aus der Quantengravitation

Das Kapitel, "Die Quantisierung von Zeit: Einblicke aus der Quantengravitation", widmet sich der tiefen Verbindung zwischen der Quantenphysik und der Gravitation, und wie diese Verbindung unser Verständnis von Zeit auf subatomarer Ebene herausfordert. Dieses Kapitel untersucht die Herausforderungen der Vereinigung von Quantenphysik und Gravitation, die Konzepte von Raumzeit-Quantisierung und die Idee, dass Zeit selbst eine quantisierte Größe sein könnte.

Die Vereinigung von Quantenphysik und Gravitation ist eines der zentralen ungelösten Probleme in der theoretischen Physik. Während die Quantenphysik erfolgreich die subatomare Welt beschreibt und die Gravitation durch die allgemeine Relativitätstheorie gut verstanden wird, sind diese beiden Theorien in einer vereinheitlichten Theorie schwer zu vereinen. Die bisherigen Bemühungen zur Entwicklung einer "Quantengravitation" zielen darauf ab, eine einzige Theorie zu finden, die sowohl die Gesetze der Quantenphysik als auch die der Gravitation umfasst.

Ein Ansatz zur Quantengravitation ist die Schleifen-quantengravitation, die versucht, die Geometrie der Raumzeit auf kleinster Skala zu quantisieren. Sie verwendet mathematische Strukturen, die als Schleifen bezeichnet werden, um die Raumzeit zu beschreiben. Dieser Ansatz führt zu einer diskreten Raumzeitstruktur, bei der Raum und Zeit auf kleinsten Skalen quantisiert sind. Die Schleifenquantengravitation stellt die Raumzeit nicht als kontinuierliche Geometrie dar, sondern als ein Netzwerk von miteinander verbundenen Schleifen.

Ein weiterer Ansatz zur Quantengravitation ist die Stringtheorie, die postuliert, dass die fundamentalen Bausteine der Natur winzige schwingende Saiten sind. Die Stringtheorie vereinigt Quantenphysik und Gravitation auf einer tieferen Ebene, indem sie die Gravitation als eine Konsequenz der Geometrie der Saiten in höherdimensionalen Raumzeiten erklärt. Die Stringtheorie führt zu einem multidimensionalen Raumzeit-Kontinuum, in dem Raum und Zeit eng miteinander verbunden sind.

Die Idee, dass Zeit selbst eine quantisierte Größe sein könnte, wirft tiefe Fragen über die Natur der Zeit auf. In den bisherigen physikalischen Theorien wurde Zeit als kontinuierliche und unendliche Variable behandelt. Die Quantisierung von Zeit würde bedeuten, dass es kleinste, nicht weiter teilbare Einheiten von Zeit gibt, ähnlich wie in der Quantenphysik die Energie in diskreten Einheiten, den Quanten, existiert.

Die Quantisierung von Zeit wirft jedoch auch fundamentale Fragen auf. Zum Beispiel stellt sich die Frage, wie solche diskreten Einheiten von Zeit mit unserer Erfahrung von kontinuierlicher Zeit in Einklang gebracht werden können. Es ist unklar, wie die Quantisierung von Zeit in Einklang mit den grundlegenden Prinzipien der Physik gebracht werden kann und wie sie sich auf die Struktur der Raumzeit auswirken würde.

Die Untersuchung der Quantisierung von Zeit aus der Perspektive der Quantengravitation zeigt, wie die Vereinigung von Quantenphysik und Gravitation neue Einsichten in die Natur der Zeit bringt. Die Vorstellung, dass Zeit selbst eine quantisierte Größe sein könnte, wirft grundlegende Fragen über die Natur der Zeit und ihre Beziehung zur Raumdimension auf. Die Schleifen-quantengravitation und die Stringtheorie zeigen verschiedene Ansätze zur Vereinigung von Quantenphysik und Gravitation und verdeutlichen die Herausforderungen und komplexen Fragen, die mit der Quantisierung von Zeit einhergehen.

Insgesamt verdeutlicht das Kapitel, "Die Quantisierung von Zeit: Einblicke aus der Quantengravitation", wie die Vereinigung von Quantenphysik und Gravitation unser Verständnis von Zeit auf tiefgreifende Weise beeinflusst. Die Idee, dass Zeit selbst eine quantisierte Größe sein könnte, wirft philosophische, theoretische und praktische Fragen auf, die das Potenzial haben, unser Verständnis der Grundlagen der Natur zu revolutionieren. Die Schleifenquantengravitation und die Stringtheorie stellen alternative Ansätze zur Vereinigung von Quantenphysik und Gravitation dar und zeigen die Komplexität der Forschung auf diesem Gebiet.

2.9 Zeit und Schwarze Löcher: Ereignishorizont und Singularität

Das Kapitel, "Zeit und Schwarze Löcher: Ereignishorizont und Singularität", erkundet die rätselhafte Verbindung zwischen Schwarzen Löchern und der Zeit. Schwarze Löcher sind eines der faszinierendsten und zugleich rätselhaftesten Phänomene im Universum, die unsere Vorstellung von Raum, Zeit und Gravitation auf extremste Weise herausfordern. Dieses Kapitel untersucht die Konzepte des Ereignishorizonts, der Singularität und wie Schwarze Löcher die Zeit deformieren.

Schwarze Löcher sind Regionen im Raum, in denen die Gravitation so stark ist, dass weder Materie noch Licht ihnen entkommen können. Die Existenz eines Schwarzen Lochs resultiert aus der Krümmung der Raumzeit um eine extrem komprimierte Masse. Der Ereignishorizont ist die Grenzfläche um ein Schwarzes Loch, die den Punkt markiert, an dem die Fluchtgeschwindigkeit größer als die Lichtgeschwindigkeit wird. Alles, was sich innerhalb des Ereignishorizonts befindet, wird unaufhaltsam zur Singularität gezogen.

Die Singularität ist der Punkt im Zentrum eines Schwarzen Lochs, an dem die Dichte und die Krümmung der Raumzeit ins Unendliche streben. In der klassischen Beschreibung werden die physikalischen Gesetze an diesem Punkt ungültig, und unsere gegenwärtigen Theorien können das Verhalten der Materie und der Raumzeit nicht mehr beschreiben. Die Singularität wird oft als "Loch" im Raumzeit-Gewebe betrachtet, in dem die physikalischen Gesetze nicht mehr gültig sind.

Die Anwesenheit eines Schwarzen Lochs verändert jedoch nicht nur den Raum, sondern auch die Zeit. Dies wurde durch das Konzept der gravitativen Zeitdilatation gezeigt, die besagt, dass die Zeit langsamer verläuft, je stärker die Gravitation ist. Dies bedeutet, dass sich die Zeit in der Nähe eines Schwarzen Lochs langsamer bewegt als in entfernteren Regionen. Ein Beobachter, der nahe genug am Ereignishorizont eines Schwarzen Lochs ist, würde die Zeit für weit entfernte Beobachter verlangsamt erleben.

Die extreme Krümmung der Raumzeit um ein Schwarzes Loch führt zu weiteren ungewöhnlichen Effekten. Ein solcher Effekt ist das sogenannte Gravitationslinsenphänomen, bei dem die Gravitation eines Schwarzen Lochs das Licht von dahinter liegenden Objekten ablenken kann. Dies kann dazu führen, dass entfernte Objekte mehrfach abgebildet werden oder dass verzerrte Bilder entstehen. Dieses Phänomen wurde mehrfach beobachtet und dient als Bestätigung für die Vorhersagen der allgemeinen Relativitätstheorie.

Schwarze Löcher stellen auch die Frage nach dem Schicksal von Materie und Information. Gemäß der Hawking-Strahlungstheorie emittieren Schwarze Löcher aufgrund quantenmechanischer Effekte eine geringe Menge Strahlung und verlieren im Laufe der Zeit Masse. Dies führt zu der berühmten Frage nach dem "Informationserhaltungsparadoxon": Was passiert mit der Information über die eingefallene Materie, wenn das Schwarze Loch schließlich verdampft?

Die Untersuchung der Zeit in Verbindung mit Schwarzen Löchern verdeutlicht, wie diese exotischen Objekte unser Verständnis von Raum, Zeit und Gravitation auf die Probe stellen. Die Existenz eines Ereignishorizonts und einer Singularität wirft Fragen über die fundamentalen Grenzen unseres Wissens auf und führt zu Paradoxa, die noch nicht vollständig gelöst sind. Die Verformung der Raumzeit und die Verlangsamung der Zeit in der Nähe von Schwarzen Löchern zeigen, wie diese Objekte nicht nur Materie, sondern auch die Zeit selbst beeinflussen.

Insgesamt verdeutlicht das Kapitel, "Zeit und Schwarze Löcher: Ereignishorizont und Singularität", wie Schwarze Löcher zu den extremsten Manifestationen von Raum, Zeit und Gravitation im Universum gehören. Die Konzepte des Ereignishorizonts und der Singularität führen zu tiefen Fragen über die fundamentalen Gesetze der Physik, und die Verbindung von Zeit und Schwarzen Löchern wirft Fragen über die Natur der Zeit und ihre Verformung auf. Die Erforschung von Schwarzen Löchern hat nicht nur unser Verständnis des Universums erweitert, sondern auch zu neuen Erkenntnissen über die Natur von Raum, Zeit und Materie geführt.

2.10 Zeitreisen in der Kunst: Künstlerische Interpretationen von Raumzeit

Das Kapitel, "Zeitreisen in der Kunst: Künstlerische Interpretationen von Raumzeit", widmet sich der faszinierenden Verbindung zwischen Zeitreisen und der Kunst. Kunstwerke aller Art haben die menschliche Vorstellung von Zeitreisen inspiriert und reflektieren die kreativen Interpretationen der Raumzeit. Dieses Kapitel erforscht die vielfältigen Wege, auf denen Künstler Zeitreisen in ihren Werken darstellen und wie diese Darstellungen unser Verständnis von Raum, Zeit und Realität beeinflussen.

Die Idee der Zeitreisen hat Künstler seit Jahrhunderten inspiriert und hat zu einer Vielzahl von Werken geführt, die das Konzept der Raumzeit auf einzigartige Weise erkunden. In der Malerei, Literatur, Film und anderen künstlerischen Ausdrucksformen wurden verschiedene Ansätze zur Darstellung von Zeitreisen entwickelt, die oft die Grenzen zwischen Vergangenheit, Gegenwart und Zukunft verschwimmen lassen.

In der Malerei und Bildhauerei wurden verschiedene Techniken verwendet, um die Idee der Zeitreisen zu visualisieren. Künstler haben sich oft auf surrealistische Darstellungen verlassen, um Traumlandschaften zu schaffen, in denen verschiedene Zeitperioden miteinander verschmelzen. Es wurden auch Werke geschaffen, die die Idee von Zeit als nichtlinearer und fließender Dimension erkunden, in der verschiedene Ereignisse gleichzeitig stattfinden können.

In der Literatur haben Autoren die Möglichkeiten von Zeitreisen in vielfältiger Weise erkundet. Werke wie H.G. Wells' "Die Zeitmaschine" und Kurt Vonneguts "Schlachthof 5" haben das Konzept der Zeitreisen genutzt, um philosophische und soziale Fragen zu untersuchen. Diese Bücher zeigen, wie die Manipulation von Zeit eine Möglichkeit bietet, die Menschheit, die Geschichte und die Zukunft zu reflektieren.

Im Bereich des Films haben Regisseure die visuellen und narrativen Mittel genutzt, um die Idee der Zeitreisen auf die Leinwand zu bringen. Filme wie "Zurück in die Zukunft" und "Interstellar" haben die Vorstellung von Zeitreisen einer breiten Öffentlichkeit nähergebracht und zeigen, wie Filmemacher die Raumzeit als kreative Leinwand verwenden, um die tiefsten Fragen der Menschheit zu erforschen.

Die künstlerischen Interpretationen von Zeitreisen haben oft auch philosophische Fragen aufgeworfen. Künstler haben sich mit Fragen nach dem freien Willen, der Determination und der Bedeutung von Zeit auseinandergesetzt. Die Vorstellung, dass die Zeit nicht unveränderlich ist und dass Ereignisse durch Eingriffe in die Raumzeit verändert werden können, hat zu Debatten über die Natur von Kausalität und Schicksal geführt.

Die künstlerischen Darstellungen von Zeitreisen bieten auch eine Möglichkeit, das Abstrakte und Unvorstellbare der Raumzeit visuell darzustellen. Durch Farben, Formen, Perspektiven und Bewegung können Künstler versuchen, die Konzepte von Raum und Zeit in eine für den Menschen greifbare Form zu bringen. Diese Darstellungen können oft mehr sagen als Worte allein und ermöglichen es den Betrachtern, eine neue Perspektive auf die Natur der Realität zu gewinnen.

Insgesamt verdeutlicht das Kapitel, "Zeitreisen in der Kunst: Künstlerische Interpretationen von Raumzeit", wie die Vorstellung von Zeitreisen die Kreativität von Künstlern auf vielfältige Weise angeregt hat. Kunstwerke, die das Konzept der Raumzeit erkunden, zeigen, wie die Idee von Zeitreisen nicht nur eine intellektuelle Herausforderung darstellt, sondern auch eine Möglichkeit bietet, die menschliche Vorstellungskraft zu erweitern. Künstlerische Interpretationen von Raumzeit können dazu beitragen, die komplexen Ideen der Physik einem breiten Publikum näherzubringen und gleichzeitig neue Fragen über die Natur von Raum, Zeit und Realität aufzuwerfen.

Kapitel 3: Zeitreisen in die Zukunft: Theoretische Möglichkeiten

3.1 Die Zeitdilatation bei hohen Geschwindigkeiten

Im dritten Kapitel, "Die Zeitdilatation bei hohen Geschwindigkeiten", steht die Zeitdilatation im Fokus, ein fundamentales Konzept der speziellen Relativitätstheorie, das besagt, dass Zeit für Objekte, die sich mit hoher Geschwindigkeit bewegen, langsamer vergeht. Dieses Kapitel beleuchtet die zugrundeliegenden Prinzipien der Zeitdilatation, die experimentelle Bestätigung dieses Effekts und die praktischen Auswirkungen auf unser Verständnis von Raumzeit und Alltagswelt.

Die Zeitdilatation ist ein Konzept, das in direktem Zusammenhang mit der Konstanz der Lichtgeschwindigkeit steht. Gemäß der speziellen Relativitätstheorie von Albert Einstein bewegt sich Licht im Vakuum immer mit derselben Geschwindigkeit, unabhängig von der Bewegung des Beobachters oder der Lichtquelle. Diese Annahme hat zur Folge, dass Zeit nicht absolut ist, sondern relativ zur Geschwindigkeit eines Beobachters. Wenn sich ein Objekt mit hoher Geschwindigkeit bewegt, wird die Zeit für dieses Objekt im Vergleich zu einem ruhenden Beobachter langsamer vergehen.

Ein anschauliches Beispiel für die Zeitdilatation ist das "Zwilling-Paradoxon". Stellen Sie sich vor, ein Zwilling reist mit nahezu Lichtgeschwindigkeit durch den Weltraum, während der andere Zwilling auf der Erde bleibt. Wenn der reisende Zwilling zurückkehrt, wird er feststellen, dass weniger Zeit für ihn vergangen ist als für den auf der Erde verbliebenen Zwilling. Dies liegt daran, dass die hohe Geschwindigkeit des reisenden Zwillings seine Zeit langsamer vergehen lässt, was zu einer Zeitdifferenz zwischen den beiden Zwillingen führt.

Die Zeitdilatation hat weitreichende Konsequenzen für unsere Wahrnehmung von Zeit und für physikalische Phänomene. In Experimenten mit Teilchenbeschleunigern wurden Effekte der Zeitdilatation nachgewiesen. Schnelle Teilchen, die nahezu

Lichtgeschwindigkeit erreichen, haben längere Lebenszeiten im Vergleich zu ihren ruhenden Gegenstücken. Dies bestätigt die Vorhersagen der speziellen Relativitätstheorie und zeigt, wie die Zeitdilatation in der Praxis wirkt.

Die Zeitdilatation hat auch Auswirkungen auf die Alltagswelt, obwohl sie normalerweise bei alltäglichen Geschwindigkeiten vernachlässigbar ist. GPS-Satelliten, die Signale zur Erde senden, berücksichtigen die Effekte der Zeitdilatation. Da sie sich mit hoher Geschwindigkeit um die Erde bewegen, vergeht für sie die Zeit langsamer als auf der Erdoberfläche. Wenn diese Effekte nicht berücksichtigt würden, könnten die GPS-Systeme ungenaue Positionsangaben liefern.

Die mathematische Formel, die die Zeitdilatation beschreibt, lautet:

$$\Delta t' = \frac{\Delta t}{\sqrt{1 - \frac{v^2}{c^2}}},$$

wobei $\Delta t'$, die verstrichene Zeit für das bewegte Objekt, Δt die Zeit für den ruhenden Beobachter, v die Geschwindigkeit des Objekts und c die Lichtgeschwindigkeit ist.

Die Zeitdilatation wirft interessante Fragen über die Natur von Zeit und Raumzeit auf. Sie verdeutlicht, dass die Konzepte von Zeit und Geschwindigkeit relativ zur Bewegung des Beobachters sind und dass die scheinbar "normale" Zeit in Wirklichkeit von der Relativgeschwindigkeit abhängt. Dies stellt eine Abkehr von der klassischen Vorstellung von einer absoluten, gleichförmig verlaufenden Zeit dar.

Die Zeitdilatation bei hohen Geschwindigkeiten ist ein bemerkenswertes Phänomen, das durch die spezielle Relativitätstheorie erklärt wird. Sie zeigt, wie Zeit relativ zur

Bewegung eines Beobachters ist und wie die Konstanz der Lichtgeschwindigkeit zu einer Verformung unserer Wahrnehmung von Zeit führt. Die Zeitdilatation wurde durch Experimente bestätigt und hat praktische Auswirkungen auf GPS-Systeme und andere Technologien. Insgesamt verdeutlicht dieses Kapitel, wie die Zeitdilatation ein fundamentales Konzept ist, das unser Verständnis von Raumzeit und Bewegung auf revolutionäre Weise verändert hat.

3.2 Das Zwillingsparadoxon: Reise ins All und Zurück

Im dritten Kapitel, "Das Zwillingsparadoxon: Reise ins All und Zurück", steht das faszinierende Gedankenexperiment des Zwillingsparadoxons im Mittelpunkt. Dieses Paradoxon, das aus der speziellen Relativitätstheorie hervorgeht, wirft tiefgreifende Fragen über Zeit, Bewegung und Raumzeit auf. Das Kapitel beleuchtet die grundlegenden Prinzipien des Zwillingsparadoxons, die experimentelle Bestätigung und die Auswirkungen auf unser Verständnis von Zeitreisen und Raumzeit.

Das Zwillingsparadoxon illustriert die Auswirkungen der Zeitdilatation auf lebendige Art und Weise. Stellen Sie sich vor, es gäbe zwei eineiige Zwillinge, von denen einer eine Raumfahrtmission ins All unternimmt, während der andere auf der Erde bleibt. Der reisende Zwilling bewegt sich mit nahezu Lichtgeschwindigkeit und kehrt nach einer gewissen Zeit zur Erde zurück. Das Paradoxon entsteht, wenn die Zwillinge sich wiedersehen und feststellen, dass der reisende Zwilling weniger gealtert ist als der auf der Erde verbliebene Zwilling.

Diese scheinbare Zeitdifferenz zwischen den Zwillingen wirft die Frage auf, wie es möglich sein kann, dass die Zeit für den reisenden Zwilling langsamer vergeht. Dieses Paradoxon wird jedoch durch die spezielle Relativitätstheorie erklärt. Gemäß der Theorie verlangsamt sich die Zeit für Objekte, die sich mit hoher Geschwindigkeit bewegen, im Vergleich zu ruhenden Beobachtern. Je näher die Geschwindigkeit eines Objekts an die Lichtgeschwindigkeit herankommt, desto stärker ist dieser Effekt.

Im Fall des Zwillingsparadoxons bewegt sich der reisende Zwilling mit hoher Geschwindigkeit im Raum, wodurch seine Zeit langsamer vergeht. Wenn er schließlich zur Erde zurückkehrt, stellt er fest, dass weniger Zeit für ihn vergangen ist als für seinen Zwilling auf der Erde. Dies liegt daran, dass die Raumfahrtmission des reisenden Zwillings seine innere Uhr langsamer laufen lässt, während die Uhr des ruhenden Zwillings auf der Erde normal tickt.

Das Zwillingsparadoxon hat zahlreiche praktische und theoretische Implikationen. Experimente mit Teilchenbeschleunigern haben die Vorhersagen der speziellen Relativitätstheorie bestätigt und die Existenz der Zeitdilatation nachgewiesen. Diese Effekte sind zwar normalerweise bei alltäglichen Geschwindigkeiten vernachlässigbar, können jedoch bei extrem hohen Geschwindigkeiten, wie sie bei Teilchenbeschleunigern erreicht werden, beobachtet werden.

Die Konsequenzen des Zwillingsparadoxons sind nicht nur theoretischer Natur. Sie werfen wichtige Fragen über die Natur von Zeit, Bewegung und Raumzeit auf. Das Paradoxon zeigt, dass unser intuitives Verständnis von Zeit und Alterung in einem relativistischen Kontext herausgefordert wird. Es verdeutlicht auch, wie relativistische Effekte bei Reisen mit extremen Geschwindigkeiten auftreten können und wie sie möglicherweise in der Zukunft bei Weltraumreisen berücksichtigt werden müssen.

Das Zwillingsparadoxon hat auch eine Rolle in der Populärkultur gespielt und dient als faszinierendes Gedankenexperiment für Geschichten über Zeitreisen und Raumzeit. Filme, Bücher und andere Werke haben sich von diesem Paradoxon inspirieren lassen, um die vielfältigen Konzepte der speziellen Relativitätstheorie zu erkunden und sie einem breiten Publikum näherzubringen.

Insgesamt verdeutlicht das Kapitel, "Das Zwillingsparadoxon: Reise ins All und Zurück", wie das Zwillingsparadoxon die tiefgreifenden Konsequenzen der speziellen Relativitätstheorie auf anschauliche

Weise veranschaulicht. Das Paradoxon illustriert, wie Zeitdilatation und relativistische Effekte die Vorstellung von Zeit und Raumzeit beeinflussen können. Die experimentelle Bestätigung des Paradoxons zeigt, dass die spezielle Relativitätstheorie nicht nur eine abstrakte Theorie ist, sondern eine tatsächliche Auswirkung auf die Messungen in der realen Welt hat. Das Zwillingsparadoxon bleibt ein kraftvolles Mittel, um die grundlegenden Prinzipien der Raumzeit zu erforschen und unser Verständnis von Zeit und Bewegung zu erweitern.

3.3 Zeitreisen durch Raumfahrt und Geschwindigkeit

Im dritten Kapitel, "Zeitreisen durch Raumfahrt und Geschwindigkeit", steht die faszinierende Idee im Mittelpunkt, dass Raumfahrt und hohe Geschwindigkeiten potenziell als Mittel zur Verwirklichung von Zeitreisen dienen könnten. Dieses Kapitel untersucht die theoretischen Grundlagen dieser Möglichkeit, die Herausforderungen und Grenzen der Umsetzung sowie die Konsequenzen für unser Verständnis von Zeit und Raumzeit.

Die Idee, dass Raumfahrt und Geschwindigkeit als Mechanismen für Zeitreisen dienen könnten, basiert auf den Prinzipien der speziellen Relativitätstheorie von Albert Einstein. Gemäß dieser Theorie verlangsamt sich die Zeit für Objekte, die sich mit hoher Geschwindigkeit bewegen, im Vergleich zu ruhenden Beobachtern. Dieses Konzept wurde bereits in vorherigen Kapiteln behandelt, insbesondere im Zusammenhang mit dem Zwillingsparadoxon.

Das Potenzial für Zeitreisen durch Raumfahrt und Geschwindigkeit liegt darin, dass ein Objekt, das sich mit nahezu Lichtgeschwindigkeit bewegt, im Vergleich zu einem ruhenden Beobachter weniger Zeit erleben würde. Ein hypothetisches Szenario könnte so aussehen: Ein Raumfahrzeug wird mit extrem hoher Geschwindigkeit gestartet, erreicht nahezu Lichtgeschwindigkeit und kehrt dann zur Erde zurück. Während für die Insassen des Raumfahrzeugs nur eine begrenzte Zeit vergangen ist, ist auf der Erde eine längere Zeitspanne vergangen.

Allerdings sind Zeitreisen durch Raumfahrt und Geschwindigkeit nicht so einfach umzusetzen, wie es auf den ersten Blick erscheinen mag. Es gibt mehrere technologische, physikalische und praktische Herausforderungen, die berücksichtigt werden müssen. Ein entscheidendes Problem ist die enorme Energie, die benötigt wird, um Objekte auf Geschwindigkeiten nahe der Lichtgeschwindigkeit zu beschleunigen. Die gegenwärtige Technologie ist bei weitem nicht in der Lage, solche Geschwindigkeiten zu erreichen.

Selbst wenn es gelänge, ein Raumfahrzeug auf hohe Geschwindigkeiten zu beschleunigen, treten weitere Herausforderungen auf. Eine davon ist die Überlebensfähigkeit der Insassen angesichts der enormen Kräfte, die bei solchen Geschwindigkeiten wirken würden. Die Raumfahrttechnologie müsste erheblich weiterentwickelt werden, um den Anforderungen einer solchen Mission gerecht zu werden.

Ein weiteres Problem ist die Kontrolle über das Raumfahrzeug und seine Bewegung. Die Raumfahrtmission müsste präzise geplant werden, um sicherzustellen, dass das Raumfahrzeug nicht außer Kontrolle gerät oder mit Hindernissen kollidiert. Auch die Navigation und Kommunikation bei solchen Geschwindigkeiten würden erhebliche technologische Herausforderungen darstellen.

Abgesehen von den technologischen Herausforderungen gibt es auch physikalische Grenzen, die berücksichtigt werden müssen. Nach der speziellen Relativitätstheorie würde es unendlich viel Energie erfordern, ein Objekt auf die exakte Lichtgeschwindigkeit zu beschleunigen. Dies macht es praktisch unmöglich, tatsächlich die Lichtgeschwindigkeit zu erreichen.

Die Idee der Zeitreisen durch Raumfahrt und Geschwindigkeit wirft auch interessante Fragen über die Natur von Zeit und Raumzeit auf. Sie verdeutlicht, wie die Bewegung eines Objekts in der Raumzeit seine Wahrnehmung von Zeit beeinflusst. Sie wirft jedoch auch Fragen darüber auf, ob solche Reisen tatsächlich in die

Vergangenheit oder Zukunft führen könnten, oder ob sie eher zu einer Art "Zeitsprung" führen würden, bei dem die Raumzeit des Objekts verformt wird.

Insgesamt verdeutlicht das Kapitel, "Zeitreisen durch Raumfahrt und Geschwindigkeit", wie die Idee von Raumfahrt und hoher Geschwindigkeit als Mittel zur Verwirklichung von Zeitreisen eine faszinierende Möglichkeit darstellt, die auf den Prinzipien der speziellen Relativitätstheorie basiert. Es betont jedoch auch die erheblichen technologischen, physikalischen und praktischen Herausforderungen, die bei der Umsetzung solcher Reisen auftreten würden. Die Überlegungen zu Zeitreisen durch Raumfahrt und Geschwindigkeit verdeutlichen, wie tiefgreifend diese Konzepte unser Verständnis von Zeit, Raumzeit und Bewegung beeinflussen können und wie sie möglicherweise zukünftige Forschung und Technologie beeinflussen werden.

3.4 Relativistische Effekte in der Raumfahrttechnik

Im dritten Kapitel, "Relativistische Effekte in der Raumfahrttechnik", steht die Anwendung der speziellen Relativitätstheorie auf die Raumfahrttechnologie im Mittelpunkt. Dieses Kapitel untersucht die Auswirkungen der relativistischen Effekte auf Raumfahrzeuge, Satelliten und Navigationssysteme, und wie diese Effekte bei der Planung von Missionen berücksichtigt werden müssen.

Die spezielle Relativitätstheorie von Albert Einstein beschreibt, wie Raum und Zeit in Bewegung sind und wie die Konstanz der Lichtgeschwindigkeit zu Effekten führt, die unsere intuitive Vorstellung von Raumzeit herausfordern. Diese Effekte werden als relativistische Effekte bezeichnet und umfassen die Zeitdilatation (Verlangsamung der Zeit) und die Längenkontraktion (Verkürzung der Länge) bei hohen Geschwindigkeiten.

In der Raumfahrttechnologie spielen diese Effekte eine Rolle, da Raumfahrzeuge mit erheblichen Geschwindigkeiten reisen können, insbesondere wenn sie sich im Weltraum bewegen. Die relativistischen Effekte können bei solchen Geschwindigkeiten nicht ignoriert werden und müssen in der Planung und Navigation von Raumfahrtmissionen berücksichtigt werden.

Ein wichtiger Aspekt der relativistischen Effekte ist ihre Auswirkung auf die Zeitmessung. Raumfahrzeuge, die sich mit hoher Geschwindigkeit bewegen, erleben eine Verlangsamung ihrer internen Uhren im Vergleich zu ruhenden Beobachtern. Dies kann zu Zeitdifferenzen führen, die bei der Kommunikation mit der Erde oder anderen Raumfahrzeugen berücksichtigt werden müssen. Dieser Effekt wurde bereits in der praktischen Anwendung bestätigt, insbesondere im Zusammenhang mit GPS-Satelliten.

Die Geschwindigkeit von GPS-Satelliten führt dazu, dass ihre internen Uhren langsamer ticken als Uhren auf der Erde. Wenn diese Effekte nicht berücksichtigt werden, könnten die GPS-Positionierungen ungenau sein. Daher müssen die relativistischen Effekte in die Software der GPS-Systeme integriert werden, um genaue Positionsdaten zu gewährleisten.

Ein weiterer relevanter Aspekt ist die Längenkontraktion. Diese besagt, dass ein Objekt, das sich mit hoher Geschwindigkeit bewegt, in Bewegungsrichtung verkürzt wird. Dieser Effekt ist bei alltäglichen Geschwindigkeiten vernachlässigbar, kann jedoch bei Raumfahrzeugen mit hohen Geschwindigkeiten auftreten. Die Längenkontraktion kann sich auf die Struktur und das Design von Raumfahrzeugen auswirken und muss bei der Konstruktion berücksichtigt werden.

Die relativistischen Effekte haben auch Auswirkungen auf die Navigation und Kommunikation von Raumfahrzeugen. Da die Zeitdilatation eine Rolle spielt, müssen genaue Zeitmessungen sichergestellt werden, um präzise Navigation zu ermöglichen. Dies kann bei Missionen zu entfernten Zielen oder bei komplexen Flugbahnen besonders wichtig sein.

Die relativistischen Effekte werfen auch Fragen über die praktische Umsetzbarkeit von Raumfahrtmissionen mit extrem hohen

Geschwindigkeiten auf. Wie bereits im vorherigen Kapitel besprochen, erfordert die Erreichung von Geschwindigkeiten nahe der Lichtgeschwindigkeit erhebliche Energie und technologische Innovationen. Die relativistischen Effekte könnten jedoch auch bei niedrigeren Geschwindigkeiten auftreten, die in absehbarer Zukunft erreichbar sind.

Insgesamt verdeutlicht das Kapitel, "Relativistische Effekte in der Raumfahrttechnik", wie die spezielle Relativitätstheorie nicht nur in abstrakten Gedankenexperimenten relevant ist, sondern auch praktische Auswirkungen auf die Raumfahrttechnologie hat. Die relativistischen Effekte beeinflussen die Zeitmessung, die Längenkontraktion und die Navigation von Raumfahrzeugen und Satelliten. Sie müssen bei der Planung und Umsetzung von Raumfahrtmissionen berücksichtigt werden, um genaue und erfolgreiche Missionen zu gewährleisten. Die Anwendung der relativistischen Effekte in der Raumfahrttechnik verdeutlicht die enge Verbindung zwischen theoretischer Physik und realer Technologie und wie wissenschaftliche Erkenntnisse das Potenzial haben, unser Verständnis der Welt zu formen und zu gestalten.

3.5 Zukünftige Technologien für Zeitreisen
Im dritten Kapitel, "Zukünftige Technologien für Zeitreisen", widmet sich die Betrachtung den innovativen Ansätzen und hypothetischen Technologien, die möglicherweise in der Zukunft entwickelt werden könnten, um das Konzept der Zeitreisen zu realisieren. Dieses Kapitel erforscht theoretische Konzepte wie Wurmlöcher, Zeitmaschinen und exotische Materie, die als Schlüssel zur Ermöglichung von Zeitreisen dienen könnten.

Die Idee, zukünftige Technologien zur Verwirklichung von Zeitreisen zu nutzen, ist faszinierend, aber auch hoch spekulativ. Ein solcher Durchbruch würde fundamentale Aspekte unseres Verständnisses von Raumzeit und Physik revolutionieren. Das Kapitel beleuchtet einige der vielversprechenden Ansätze, die in der wissenschaftlichen Literatur diskutiert wurden, um einen Einblick in die theoretischen Möglichkeiten zu bieten.

Eine viel diskutierte Möglichkeit sind Wurmlöcher, hypothetische Verbindungen oder Tunnel in der Raumzeit, die es ermöglichen könnten, von einem Punkt im Raum zu einem anderen zu gelangen, möglicherweise sogar durch die Zeit. Wurmlöcher wurden als mathematische Lösungen in den Gleichungen der Allgemeinen Relativitätstheorie von Albert Einstein vorgeschlagen. Theoretisch könnten Wurmlöcher als "Abkürzungen" durch die Raumzeit dienen, die es ermöglichen, von einem Ort zu einem anderen zu gelangen, ohne die Distanz dazwischen physisch zurückzulegen.

Allerdings sind Wurmlöcher nicht nur wissenschaftlich anspruchsvoll, sondern auch mit erheblichen Herausforderungen verbunden. Eines der Hauptprobleme ist die Stabilität von Wurmlöchern. Es wird angenommen, dass sie instabil sind und sich schnell zusammenziehen würden, bevor etwas hindurchgehen könnte. Außerdem könnte die Erschaffung und Stabilisierung eines Wurmlochs erhebliche Mengen exotischer Materie erfordern, die bisher nur hypothetisch postuliert wurde.

Ein weiterer Ansatz sind Zeitmaschinen, die es ermöglichen würden, gezielt in die Vergangenheit oder Zukunft zu reisen. Diese Idee wurde in der wissenschaftlichen Literatur diskutiert, aber sie ist mit noch größeren Herausforderungen und Paradoxa verbunden. Zeitmaschinen müssten eine Art von "geschlossener zeitartiger Kurve" in der Raumzeit erzeugen, die es einem Objekt erlaubt, in die eigene Vergangenheit zurückzukehren.

Allerdings führen solche Zeitreisen zu berühmten Paradoxa wie dem Großvater-Paradoxon. Stellen Sie sich vor, jemand reist in die Vergangenheit und verhindert die Geburt seines Großvaters. Wenn der Großvater nie geboren wurde, wie kann die Person dann existieren, um in die Vergangenheit zu reisen? Diese Paradoxa werfen ernsthafte Fragen über Kausalität und die Konsistenz von Raumzeit auf.

Exotische Materie, die Materie mit negativer Masse oder negativer Energie, wird oft als potenzielle Lösung für diese Paradoxa betrachtet. Einige Theorien legen nahe, dass exotische Materie die Raumzeit so verformen könnte, dass geschlossene zeitartige Kurven möglich wären, ohne zu Paradoxa zu führen. Allerdings ist exotische Materie bisher rein hypothetisch und wurde noch nie nachgewiesen.

Ein weiterer viel diskutierter Ansatz sind Konzepte aus der Quantenphysik, wie etwa Quantenverschränkung und Quantenteleportation. Diese Phänomene erlauben es, Informationen instantan über große Entfernungen zu übertragen, ohne dass ein physischer Transport stattfindet. Einige Theorien spekulieren, dass diese Effekte möglicherweise für Zeitreisen genutzt werden könnten, indem sie die Quantenverschränkung verwenden, um Informationen in die Vergangenheit oder Zukunft zu übertragen.

Es ist jedoch wichtig zu betonen, dass diese theoretischen Ansätze und Technologien noch weit von der praktischen Umsetzung entfernt sind. Sie stellen eher Gedankenexperimente dar und dienen dazu, das Verständnis von Raumzeit und Physik zu erweitern. Die Herausforderungen, die mit der Umsetzung solcher Technologien verbunden sind, sind immens, von der Notwendigkeit exotischer Materie bis hin zu den grundlegenden Paradoxa, die mit Zeitreisen einhergehen.

Insgesamt verdeutlicht das Kapitel, "Zukünftige Technologien für Zeitreisen", wie die Vorstellung von Zeitreisen nicht nur auf Science-Fiction-Bücher beschränkt ist, sondern auch in der wissenschaftlichen Forschung diskutiert wird. Es betont jedoch auch die enormen Schwierigkeiten und offenen Fragen, die mit der Umsetzung dieser Technologien verbunden sind. Diese theoretischen Konzepte sind komplex, anspruchsvoll und werfen tiefgreifende Fragen über die Natur von Zeit, Raumzeit und Physik auf. Während die Vorstellung von Zeitreisen weiterhin fasziniert, bleibt sie vorerst im Bereich der theoretischen Spekulation und wird möglicherweise nie in der realen Welt umgesetzt werden können.

3.6 Zeitreisen und die Expansion des Universums

Im dritten Kapitel, "Zeitreisen und die Expansion des Universums", wird das faszinierende Zusammenspiel zwischen Zeitreisen und der sich ausdehnenden Struktur des Universums untersucht. Dieses Kapitel erforscht, wie die Expansion des Universums die Möglichkeiten von Zeitreisen beeinflusst und wie diese beiden Konzepte miteinander verknüpft sind.

Die Expansion des Universums ist eine fundamentale Entdeckung der modernen Kosmologie. Sie besagt, dass sich der Raum zwischen Galaxien kontinuierlich ausdehnt, was zu einer zunehmenden Entfernung zwischen den Himmelskörpern führt. Dieser Prozess wurde erstmals durch die Beobachtung des roten Lichtverschiebungseffekts in den Spektren ferner Galaxien erkannt und hat zu einer grundlegenden Neugestaltung unseres Verständnisses von Raumzeit geführt.

Die Auswirkungen der Expansion des Universums auf Zeitreisen sind subtil, aber dennoch bedeutsam. Wenn wir in die Ferne des Universums blicken, schauen wir gleichzeitig in die Vergangenheit, da das Licht Zeit benötigt, um zu uns zu gelangen. Je weiter entfernt ein Objekt ist, desto weiter blicken wir in die Vergangenheit zurück.

Die Expansion des Universums beeinflusst diese Beziehung, da sie dazu führt, dass sich der Raum zwischen den Galaxien ausdehnt und das Licht auf seinem Weg zu uns gestreckt wird. Dies hat zur Folge, dass das Licht, das von entfernten Galaxien zu uns gelangt, in Richtung des roten Spektrums verschoben wird, was als "kosmologische Rotverschiebung" bezeichnet wird. Diese Verschiebung des Lichts kann genutzt werden, um die Entfernungen zu fernen Objekten im Universum zu messen.

Ein interessanter Aspekt ist, dass die Expansion des Universums es prinzipiell erlauben könnte, dass ein Raumfahrzeug mit ausreichend hoher Geschwindigkeit in die Ferne des Universums reist, um in die eigene Vergangenheit zurückzublicken. Stellen Sie sich vor, ein

Raumfahrzeug bewegt sich mit nahezu Lichtgeschwindigkeit zu einer fernen Galaxie. Da das Licht von dieser Galaxie Zeit benötigt, um zu uns zu gelangen, könnten wir das Raumfahrzeug in der Vergangenheit sehen, als es sich auf den Weg dorthin machte.

Dies wirft jedoch eine interessante Paradoxie auf. Wenn wir das Raumfahrzeug in der Vergangenheit sehen können, bevor es gestartet wurde, bedeutet das nicht, dass Informationen in die Vergangenheit übertragen wurden? Dies widerspricht den Kausalitätsprinzipien, da es suggeriert, dass Ursache und Wirkung rückwärts in der Zeit fließen könnten.

Die Auflösung dieses Paradoxons liegt in der Tatsache, dass die Geschwindigkeiten, die erforderlich wären, um solche Effekte zu erzielen, nahe der Lichtgeschwindigkeit liegen müssten. Die relativistischen Effekte, die bei solchen Geschwindigkeiten auftreten, würden zu Zeitdilatation und Längenkontraktion führen, die das Paradoxon verhindern würden. Das Raumfahrzeug könnte nicht wirklich in die Vergangenheit reisen, sondern würde nur eine verzerrte Sicht davon erhalten.

Die Expansion des Universums wirft auch die Frage auf, ob es hypothetische "Wurmlöcher" geben könnte, die als Abkürzungen durch den Raum dienen könnten. Theoretisch könnten solche Wurmlöcher Verbindungen zwischen verschiedenen Teilen des Universums schaffen und es ermöglichen, von einem Ort zum anderen zu gelangen, ohne die große Distanz dazwischen zu überbrücken.

Allerdings ist die Frage, ob Wurmlöcher real existieren könnten, immer noch Gegenstand intensiver Forschung. Einige Modelle der Allgemeinen Relativitätstheorie schließen die Möglichkeit von Wurmlöchern nicht aus, erfordern jedoch exotische Materie mit negativer Energie, um sie offen zu halten. Andere Theorien gehen davon aus, dass Wurmlöcher instabil wären und sich schnell schließen würden, bevor etwas hindurchgehen könnte.

Insgesamt verdeutlicht das Kapitel, "Zeitreisen und die Expansion des Universums", wie die Expansion des Universums eine faszinierende Verbindung zu den Konzepten von Zeitreisen und Raumzeit herstellt. Die Möglichkeit, in die Ferne des Universums zu reisen, um in die eigene Vergangenheit zurückzublicken, wirft interessante Paradoxa auf, die unser Verständnis von Kausalität und Raumzeit herausfordern. Die Untersuchung von Wurmlöchern und anderen hypothetischen Strukturen verdeutlicht, wie die kosmische Expansion das Potenzial für neue Wege zur Manipulation von Raumzeit eröffnet. Die Erkundung dieser Verknüpfungen zwischen kosmologischen Phänomenen und Zeitreisen zeigt, wie tiefgreifend und komplex die Beziehung zwischen Physik und unserem Universum ist, und wie sie immer noch viele Geheimnisse birgt, die erforscht werden müssen.

3.7 Die Rolle von Dunkler Energie in der Zeitmanipulation

Im dritten Kapitel, "Die Rolle von Dunkler Energie in der Zeitmanipulation", steht die faszinierende Verbindung zwischen Dunkler Energie und der Möglichkeit von Zeitmanipulation im Mittelpunkt. Dieses Kapitel erforscht, wie die geheimnisvolle Dunkle Energie, die den Großteil des Universums ausmacht, theoretisch in der Lage sein könnte, Raumzeit zu beeinflussen und somit Zeitreisen zu ermöglichen.

Dunkle Energie ist eine der faszinierendsten und zugleich rätselhaftesten Entdeckungen in der modernen Kosmologie. Sie wurde postuliert, um die beobachtete beschleunigte Expansion des Universums zu erklären. Obwohl sie etwa 68% der gesamten Energie des Universums ausmacht, ist nur sehr wenig darüber bekannt, was Dunkle Energie genau ist und wie sie funktioniert.

Die Vorstellung, dass Dunkle Energie eine Rolle in der Zeitmanipulation spielen könnte, stammt aus der Idee, dass sie die Raumzeit selbst beeinflussen könnte. Einige Theorien postulieren, dass Dunkle Energie nicht konstant ist, sondern sich im Laufe der Zeit ändern könnte. Dies könnte dazu führen, dass die Raumzeit sich verformt oder krümmt, was wiederum die Möglichkeit von Zeitreisen eröffnen könnte.

Ein viel diskutierter Ansatz ist die Idee, dass Dunkle Energie eine Art "exotische Materie" ist, die mit negativer Energie oder negativer Masse verbunden ist. Solche exotischen Eigenschaften könnten dazu führen, dass Dunkle Energie die Raumzeit auf eine Weise beeinflusst, die Raumzeitkrümmungen erzeugt, die für Zeitreisen erforderlich sein könnten.

Allerdings ist die Rolle von Dunkler Energie in der Zeitmanipulation noch weitgehend spekulativ und theoretisch. Es gibt bisher keine direkten Belege dafür, wie Dunkle Energie die Raumzeit beeinflusst oder ob sie überhaupt in der Lage ist, Raumzeitkrümmungen in der erforderlichen Weise zu erzeugen. Dunkle Energie bleibt weiterhin ein Rätsel, und ihre genaue Natur muss noch erforscht werden.

Eine weitere interessante Überlegung ist, ob Dunkle Energie in der Lage sein könnte, Wurmlöcher zu stabilisieren oder aufrechtzuerhalten. Wie zuvor besprochen, könnten Wurmlöcher hypothetische Verbindungen in der Raumzeit sein, die es ermöglichen, von einem Ort zum anderen zu gelangen, ohne die große Entfernung dazwischen zurückzulegen. Die Stabilität von Wurmlöchern ist jedoch eine große Herausforderung, da sie dazu neigen könnten, sich schnell zu schließen.

Einige Theorien legen nahe, dass exotische Materie, wie sie möglicherweise in Form von Dunkler Energie existiert, die Wände eines Wurmlochs offenhalten könnte. Dies könnte bedeuten, dass Wurmlöcher in der Gegenwart oder Zukunft erzeugt werden könnten, und sie könnten als "Brücken" durch die Raumzeit dienen, die potenziell Zeitreisen ermöglichen.

Die Konzepte, die in diesem Kapitel diskutiert werden, sind hoch spekulativ und befinden sich noch im Bereich der theoretischen Forschung. Die tatsächliche Natur von Dunkler Energie und ihre Auswirkungen auf Raumzeit und Zeitmanipulation sind noch weitgehend unbekannt. Forscher arbeiten daran, diese Fragen durch Experimente, Beobachtungen und theoretische Modelle zu klären.

Insgesamt verdeutlicht das Kapitel, "Die Rolle von Dunkler Energie in der Zeitmanipulation", wie die geheimnisvolle Dunkle Energie nicht nur Einfluss auf die kosmische Expansion hat, sondern auch möglicherweise in der Lage sein könnte, Raumzeit zu beeinflussen und so die theoretischen Möglichkeiten von Zeitreisen zu erweitern. Die Erkundung dieser Verbindung zwischen Dunkler Energie und Raumzeit zeigt, wie tiefgreifend und komplex die Zusammenhänge in der kosmologischen Forschung sind. Es betont jedoch auch, dass die genaue Natur von Dunkler Energie und ihre Auswirkungen auf Raumzeit und Zeitreisen weiterhin offen sind und noch viele Fragen beantwortet werden müssen.

3.8 Quantenverschränkung als Fenster in die Zeit

Im dritten Kapitel, "Quantenverschränkung als Fenster in die Zeit", wird die faszinierende Verbindung zwischen Quantenverschränkung, einem grundlegenden Konzept der Quantenphysik, und der Möglichkeit von Einblicken in die Zeit thematisiert. Dieses Kapitel erforscht, wie die Quantenverschränkung als potenzielles "Fenster" genutzt werden könnte, um Informationen über vergangene oder zukünftige Ereignisse zu erhalten.

Die Quantenverschränkung ist ein Phänomen, das die Quantenphysik charakterisiert und besagt, dass zwei oder mehr Teilchen auf eine Weise miteinander verbunden sind, dass der Zustand eines Teilchens sofort den Zustand des anderen beeinflusst, unabhängig von der Entfernung zwischen ihnen. Diese unmittelbare "spukhafte Fernwirkung", wie Einstein sie nannte, hat die physikalische Theorie und unser Verständnis der Realität grundlegend verändert.

In Bezug auf Zeitmanipulation und Einblicke in die Zeit wirft die Quantenverschränkung interessante Fragen auf. Einige Theorien spekulieren, dass die Quantenverschränkung genutzt werden könnte, um Informationen über vergangene oder zukünftige Ereignisse zu erhalten. Diese Idee basiert auf der Vorstellung, dass die Quantenverschränkung eine Art von "spukhafter Vorahnung" ermöglichen könnte, bei der Informationen über Zustände von Teilchen, die verschränkt sind, auf uns übertragen werden könnten.

Ein hypothetisches Szenario könnte wie folgt aussehen: Stellen Sie sich vor, es gibt zwei verschränkte Teilchen, die an unterschiedlichen Orten sind. Wenn eines dieser Teilchen manipuliert wird, könnte es theoretisch eine sofortige Auswirkung auf das andere Teilchen haben, unabhängig von der Entfernung. Diese Vorstellung hat zu Spekulationen geführt, dass die Quantenverschränkung genutzt werden könnte, um Informationen in die Vergangenheit oder Zukunft zu übertragen.

Allerdings ist es wichtig zu betonen, dass die Idee, Informationen über Zeit durch Quantenverschränkung zu übertragen, immer noch hoch spekulativ und kontrovers ist. Sie steht im Widerspruch zu vielen etablierten Prinzipien der Physik, wie dem Kausalitätsprinzip, das besagt, dass Ursache und Wirkung immer in der richtigen zeitlichen Reihenfolge liegen sollten. Die Vorstellung von "spukhaften Vorahnungen" durch Quantenverschränkung wirft tiefgreifende Fragen über die Natur der Realität und die Grenzen unseres Verständnisses der Zeit auf.

Ein weiteres interessantes Konzept, das mit der Quanten-verschränkung in Verbindung steht, ist die Idee der Quantenteleportation. Dieses Phänomen ermöglicht die Übertragung des quantenmechanischen Zustands eines Teilchens auf ein anderes Teilchen, unabhängig von der räumlichen Entfernung zwischen ihnen. Die Quantenteleportation wurde in Experimenten nachgewiesen und hat wichtige Auswirkungen auf Bereiche wie Quantencomputing und Quantenkommunikation.

Die Quantenteleportation wirft jedoch auch Fragen darüber auf, ob sie zur Übertragung von Informationen über Zeit genutzt werden könnte. Einige Theorien spekulieren, dass Quantenteleportation genutzt werden könnte, um Informationen über die Vergangenheit oder Zukunft zu senden, indem der Zustand eines Teilchens so verändert wird, dass er Informationen über vergangene oder zukünftige Ereignisse enthält.

Allerdings ist auch hier Vorsicht geboten, da die Quantenteleportation nicht die Übertragung von klassischer Information ermöglicht, sondern vielmehr die Übertragung des quantenmechanischen Zustands eines Teilchens. Dies bedeutet, dass die Übertragung von Informationen über Zeit immer noch mit den Grundsätzen der Quantenmechanik und der Kausalität in Einklang gebracht werden müsste.

Insgesamt verdeutlicht das Kapitel, "Quantenverschränkung als Fenster in die Zeit", wie die grundlegenden Prinzipien der Quantenphysik unsere Vorstellungen von Zeitmanipulation und Einblicken in die Zeit herausfordern. Die Quantenverschränkung und die Quantenteleportation werfen Fragen über die Möglichkeit von Informationsübertragung über die Zeit auf, die unser derzeitiges Verständnis von Raumzeit und Kausalität herausfordern. Dieses Kapitel betont jedoch auch, dass diese Ideen noch weitgehend spekulativ sind und weiterhin intensiver Forschung und theoretischer Untersuchung bedürfen, um ihre tatsächliche Machbarkeit und Auswirkungen zu verstehen.

3.9 Multiversen und Zeitreisen: Parallele Realitäten
Im dritten Kapitel, "Multiversen und Zeitreisen: Parallele Realitäten", wird die faszinierende Verbindung zwischen Multiversen und Zeitreisen diskutiert. Dieses Kapitel erforscht, wie die Theorie der Multiversen, die besagt, dass es unzählige parallele Realitäten gibt, in denen verschiedene Ereignisse ablaufen, das Konzept der Zeitmanipulation beeinflussen könnte.

Die Idee von Multiversen, oder auch "viele Welten" genannt, wurde in der theoretischen Physik als mögliche Erklärung für einige der seltsamen und paradoxen Aspekte der Quantenmechanik vorgeschlagen. Sie besagt, dass jedes Mal, wenn ein quantenmechanisches Ereignis auftritt, das sich in mehreren möglichen Zuständen befindet, das Universum sich in mehrere Zweige aufspaltet, wobei jeder Zweig einen möglichen Zustand repräsentiert. In jedem dieser Zweige würde eine andere Version der Realität existieren, in der das jeweilige Ereignis anders abläuft.

Die Verbindung zwischen Multiversen und Zeitreisen liegt darin, dass die Existenz von parallelen Realitäten theoretisch die Möglichkeit eröffnen könnte, zwischen diesen Realitäten zu reisen und somit in die eigene Vergangenheit oder Zukunft zu gelangen. Ein hypothetisches Szenario könnte wie folgt aussehen: Stellen Sie sich vor, es gäbe ein Gerät, das es einem ermöglicht, zwischen den verschiedenen Zweigen des Multiversums zu wechseln. Indem man in einen anderen Zweig wechselt, könnte man in eine andere Version der eigenen Vergangenheit oder Zukunft eintreten.

Allerdings ist es wichtig zu betonen, dass die Idee von Multiversen und parallelen Realitäten hoch spekulativ ist und in der wissenschaftlichen Gemeinschaft weiterhin kontrovers diskutiert wird. Es gibt bisher keine direkten Belege für die Existenz von Multiversen, und die Theorie erfordert oft komplexes mathematisches und philosophisches Denken, um die Konzepte zu verstehen.

Ein wichtiger Aspekt der Multiversen-Theorie ist die Idee von "Verzweigungspunkten". Diese Punkte würden Ereignisse markieren, bei denen das Universum in verschiedene Zweige aufgespalten wird. Ein Beispiel für einen Verzweigungspunkt könnte das berühmte Doppelspaltexperiment der Quantenmechanik sein. Wenn ein Elektron durch einen Doppelspalt geschossen wird, zeigt es ein Interferenzmuster, als ob es sowohl durch den einen als auch durch den anderen Spalt gegangen wäre. Die Multiversen-Theorie besagt, dass das Elektron in Wirklichkeit in beiden Spalten gleichzeitig existiert und das Universum sich in verschiedene Zweige aufspaltet, in denen das Elektron durch jeweils einen der Spalte geht.

In Bezug auf Zeitreisen und Multiversen könnte ein Verzweigungspunkt bedeuten, dass jede mögliche Entscheidung oder jedes mögliche Ereignis zu einer Aufspaltung des Universums führt. Wenn jemand die Möglichkeit hätte, in die Vergangenheit zu reisen und eine Entscheidung zu ändern, würde dies zu einer Aufspaltung führen, in der es zwei Versionen der Realität gibt: eine, in der die ursprüngliche Entscheidung getroffen wurde, und eine, in der die geänderte Entscheidung getroffen wurde.

Ein interessantes Paradoxon, das sich aus dieser Idee ergibt, ist das "Viele-Welten-Paradoxon". Stellen Sie sich vor, jemand reist in die Vergangenheit und ändert eine Entscheidung. Das würde zu einer Aufspaltung des Universums führen. Wenn die Person in die Gegenwart zurückkehrt, würde sie in einem Universum landen, in dem die geänderte Entscheidung getroffen wurde. Doch was ist mit dem ursprünglichen Universum, in dem die Entscheidung nicht geändert wurde? Dieses Universum würde in einer anderen "Zeitlinie" existieren. Dieses Paradoxon wirft Fragen über Identität, Kausalität und die Natur von Realität auf.

Die Idee von Multiversen und parallelen Realitäten ist nicht nur auf die Quantenphysik beschränkt, sondern hat auch Einfluss auf Theorien der Kosmologie und der Stringtheorie. Einige Modelle der Stringtheorie postulieren das Vorhandensein von zusätzlichen Raumdimensionen, die zu einer größeren Vielfalt von Universen führen könnten.

Insgesamt verdeutlicht das Kapitel, "Multiversen und Zeitreisen: Parallele Realitäten", wie die Theorie der Multiversen das Konzept von Zeitmanipulation und Zeitreisen beeinflusst. Die Vorstellung von unzähligen parallelen Realitäten wirft Fragen über Identität, Kausalität und Realität auf. Es betont jedoch auch, dass die Idee von Multiversen trotz ihrer faszinierenden Implikationen immer noch kontrovers ist und weiterhin intensiver Forschung und Untersuchung bedarf. Die Verbindung zwischen Multiversen und Zeitreisen zeigt, wie tiefgreifend und komplex die Zusammenhänge in der theoretischen Physik sind und wie sie unser Verständnis von Zeit, Raum und Realität herausfordern.

3.10 Zeitreisen in der Science-Fiction-Literatur: Visionen und Perspektiven

Im dritten Kapitel, "Zeitreisen in der Science-Fiction-Literatur: Visionen und Perspektiven", wird die faszinierende Welt der Zeitreisen in der Science-Fiction-Literatur erkundet. Dieses Kapitel untersucht, wie Schriftsteller und Autoren die Idee von Zeitreisen genutzt haben, um visionäre Welten zu schaffen und philosophische Perspektiven auf Zeit, Realität und Menschheit zu erforschen.

Die Science-Fiction-Literatur hat seit langem eine besondere Faszination für das Konzept der Zeitreisen gezeigt. Geschichten, die Zeitreisen als zentrales Element verwenden, bieten nicht nur aufregende Handlungen, sondern eröffnen auch ein reiches Terrain für tiefgründige philosophische Überlegungen. Diese Geschichten ermöglichen es Autoren, die Grenzen des Vorstellbaren zu erkunden und die Auswirkungen von Zeitmanipulation auf Individuen und Gesellschaften zu untersuchen.

Ein frühes Beispiel für die Darstellung von Zeitreisen in der Science-Fiction-Literatur ist H.G. Wells' Roman "Die Zeitmaschine" aus dem Jahr 1895. In diesem Werk konstruiert der Protagonist eine Maschine, die es ihm ermöglicht, durch die Zeit zu reisen. Durch diese Reisen enthüllt sich eine dystopische Zukunft, in der sich die Menschheit in zwei verschiedene Spezies aufgespalten hat: die Eloi, eine degenerierte Rasse, die an der Oberfläche lebt, und die Morlocks, die in den Untergrund geflohen sind. Wells' Roman erkundet nicht nur die physische Manipulation von Zeit, sondern auch die sozialen Auswirkungen von Zeitreisen.

Ein weiteres bedeutendes Werk ist Ray Bradburys "A Sound of Thunder" (1952), in dem die Idee des "Zeitsafari" eingeführt wird. Reisende der Zukunft können in die Vergangenheit reisen, um Dinosaurier zu jagen. Doch selbst kleine Veränderungen in der

Vergangenheit können katastrophale Auswirkungen auf die Gegenwart haben. Dieses Konzept des "Schmetterlingseffekts" zeigt, wie empfindlich das Gewebe der Zeit sein kann und wie eine scheinbar unbedeutende Handlung dramatische Folgen haben kann.

Die Verwendung von Zeitreisen in der Science-Fiction-Literatur ermöglicht auch die Erkundung von philosophischen Fragen. Ein Beispiel dafür ist Kurt Vonneguts "Slaughterhouse-Five" (1969), in dem der Protagonist, der in der Zeit gefangen ist, die Bombardierung von Dresden im Zweiten Weltkrieg miterlebt. Diese Darstellung thematisiert die Traumata des Krieges und die Frage nach der Kontrolle über die eigene Existenz.

Die Idee von alternativen Zeitlinien und parallelen Realitäten findet sich in zahlreichen Werken, darunter "Dark Matter" (2016) von Blake Crouch. Hier erlebt der Protagonist, wie sich sein Leben in verschiedenen Realitäten entfaltet, und muss sich mit den Konsequenzen seiner Entscheidungen auseinandersetzen. Diese Darstellung verdeutlicht, wie jede Wahl, die wir treffen, eine Verzweigung in der Zeitlinie erzeugen könnte.

Die Science-Fiction-Literatur nutzt Zeitreisen oft als Metapher für persönliche und gesellschaftliche Reflexionen. In "Zeitsplitter" (2013) von Cristin Terrill kämpft die Protagonistin gegen einen Diktator, der Zeitreisen kontrolliert. Dabei stellt sich die Frage nach der Verantwortung für die eigene Zukunft und die ethischen Implikationen von Macht.

Zusätzlich zur Auseinandersetzung mit philosophischen und ethischen Fragen bieten Zeitreisegeschichten auch ein reiches Spielfeld für kreative Erzähltechniken. Bücher wie "Das Buch der seltsamen neuen Dinge" (2014) von Michel Faber oder "11/22/63" (2011) von Stephen King nutzen die Möglichkeit von Zeitreisen, um komplexe Erzählstrukturen zu entwickeln und den Leser auf eine fesselnde Reise mitzunehmen.

Die Science-Fiction-Literatur hat die Idee von Zeitreisen genutzt, um die Grenzen der Vorstellungskraft zu erweitern und visionäre Welten zu schaffen. Diese Geschichten bieten nicht nur Spannung und Unterhaltung, sondern regen auch zum Nachdenken über Zeit, Realität, Entscheidungen und die Menschheit als Ganzes an. Sie zeigen, wie die Fiktion in der Lage ist, uns neue Perspektiven auf unsere Existenz und unser Verhältnis zur Zeit zu eröffnen.

Kapitel 4: Zeitreisen in die Vergangenheit: Paradoxa und Theorien

4.1 Das Großvaterparadoxon und seine Implikationen

Im vierten Kapitel, "Das Großvaterparadoxon und seine Implikationen", wird eine der berühmtesten und kontrovers diskutierten Paradoxa der Zeitreisen behandelt. Dieses Kapitel widmet sich dem Großvaterparadoxon und den tiefgreifenden philosophischen, physikalischen und kausalen Fragen, die es aufwirft.

Das Großvaterparadoxon ist ein Gedankenexperiment, das häufig verwendet wird, um die logischen Widersprüche und Dilemmata von Zeitreisen zu verdeutlichen. Es stellt eine scheinbar unlösbare Situation dar, die auftreten könnte, wenn jemand in die Vergangenheit reisen und einen bestimmten Vorfall verhindern würde – wie etwa die Geburt seines eigenen Großvaters. Dies würde eine Kausalkette in Gang setzen, die zu einer Veränderung der eigenen Geburt führen könnte. Das Paradoxon fragt dann: Wenn man nie geboren wurde, wie könnte man in die Vergangenheit gereist sein, um die Ereignisse zu verändern?

Das Großvaterparadoxon hat tiefgehende philosophische und physikalische Implikationen. Auf der philosophischen Ebene wirft es Fragen über Kausalität und Determinismus auf. Wenn Zeitreisen möglich sind und jemand die Vergangenheit ändern kann, wie ist es möglich, einen konsistenten und deterministischen Verlauf von Ereignissen aufrechtzuerhalten? Das Paradoxon stellt das Konzept einer festen und vorherbestimmten Zeitlinie infrage.

Auf der physikalischen Ebene wirft das Paradoxon Fragen zur Konsistenz von Raumzeit und Kausalität auf. Wenn Zeitreisen möglich wären und solche Paradoxa auftreten könnten, wie könnte das mit den etablierten Prinzipien der Physik, wie der Relativitätstheorie, in Einklang gebracht werden? Könnte es Mechanismen geben, die verhindern, dass solche Paradoxa auftreten?

Forscher und Physiker haben verschiedene Ansätze entwickelt, um das Großvaterparadoxon zu lösen oder zumindest zu erklären. Eine Möglichkeit besteht darin, anzunehmen, dass die Natur Mechanismen enthält, die verhindern, dass solche Paradoxa auftreten. Dies könnte bedeuten, dass Zeitreisen in der Art, wie sie oft in der Populärkultur dargestellt werden – etwa das freiwillige Verhindern von Ereignissen –, einfach nicht möglich sind. Diese Ansicht würde darauf hindeuten, dass die Physik inhärente Grenzen für Zeitreisen enthält.

Ein weiterer Ansatz ist die Idee der "selbsterfüllenden Prophezeiungen". Gemäß dieser Interpretation würde das verhinderte Ereignis tatsächlich stattfinden, und der Zeitreisende würde unbeabsichtigt dazu beitragen, dass es genau so passiert, wie es in der Vergangenheit geschehen sein soll. Dies würde bedeuten, dass das Paradoxon sich selbst auflöst, indem der Versuch, es zu verhindern, tatsächlich dazu führt, dass es auftritt.

Die Quantenmechanik hat auch eine Rolle bei der Diskussion um das Großvaterparadoxon gespielt. Einige Theorien, die auf Quantenmechanik basieren, postulieren die Idee von "viele Welten" oder Multiversen. Nach diesen Theorien würde jede Aktion des Zeitreisenden zu einer Aufspaltung des Universums führen, wobei in einem Universum die Ereignisse so verlaufen, wie sie sollten, während in einem anderen Universum die Änderung stattfindet. Dies würde das Paradoxon umgehen, indem es in einer anderen Realität aufgelöst wird.

Die Diskussion um das Großvaterparadoxon verdeutlicht die komplexen Fragen, die Zeitreisen aufwerfen. Sie reichen von den philosophischen und ethischen Implikationen bis hin zu den grundlegenden physikalischen Prinzipien der Kausalität und Determinismus. Die Untersuchung dieses Paradoxons zwingt uns dazu, unsere Vorstellungen von Zeit, Realität und Kausalität zu überdenken.

Zusammenfassend verdeutlicht das Kapitel, "Das Großvater-paradoxon und seine Implikationen", wie tiefgreifend und komplex die Frage der Zeitmanipulation ist. Das Gedankenexperiment des Großvaterparadoxons stellt nicht nur die Möglichkeit von Zeitreisen in Frage, sondern auch unsere grundlegenden Vorstellungen von Kausalität und Determinismus. Die verschiedenen Ansätze zur Lösung des Paradoxons zeigen, wie die Physik und die Philosophie gemeinsam nach Wegen suchen, die Widersprüche zu überwinden, die sich aus der Idee der Zeitreisen ergeben. Dieses Kapitel betont die Vielschichtigkeit der Thematik und wie sie unser Verständnis von Raumzeit und Realität auf eine tiefgreifende Weise beeinflusst.

4.2 Die "viele-Welten-Interpretation" der Quantenmechanik

Im vierten Kapitel, "Die 'viele-Welten-Interpretation' der Quantenmechanik", wird eine einflussreiche Interpretation der Quantenphysik behandelt, die nicht nur die Funktionsweise der Quantenwelt, sondern auch die Möglichkeiten von Zeitreisen beeinflusst. Diese Interpretation, bekannt als die "viele-Welten-Interpretation", bietet eine alternative Sichtweise auf das Verhalten von Teilchen und die Konsequenzen von Zeitmanipulation.

Die viele-Welten-Interpretation wurde erstmals in den späten 1950er Jahren von dem Physiker Hugh Everett III vorgeschlagen. Sie stellt eine radikale Auffassung von Quantenphänomenen dar und widerspricht der traditionellen Vorstellung von einem eindeutigen Zustand eines Teilchens bis zu dessen Beobachtung. Gemäß der viele-Welten-Interpretation existieren nicht nur eindeutige Zustände, sondern alle möglichen Zustände gleichzeitig, und diese Zweige der Realität verzweigen sich bei jeder Interaktion oder Beobachtung.

Im Kontext von Zeitreisen hat die viele-Welten-Interpretation interessante Implikationen. Stellen Sie sich vor, ein Zeitreisender reist in die Vergangenheit und trifft auf sein jüngeres Selbst. Laut der viele-Welten-Interpretation würde die Realität in zwei Zweige aufgespalten werden – einer, in dem der Zeitreisende in der Vergangenheit eingegriffen hat, und ein anderer, in dem er es nicht getan hat. Diese beiden Realitäten würden in getrennten "Zeitlinien" existieren, die jeweils eigene Ereignisse und Konsequenzen haben.

Die viele-Welten-Interpretation wirft jedoch auch Fragen auf. Zum Beispiel, wenn sich in jedem Moment der Zeitlinie unzählige Zweige der Realität bilden, wie könnte der Zeitreisende sicherstellen, dass er in den "richtigen" Zweig zurückkehrt, um nicht die gesamte Geschichte zu verändern? Die vielen möglichen Ergebnisse von Zeitmanipulation könnten zu einer verwirrenden und unvorhersehbaren Vielfalt von Realitäten führen.

Ein weiteres interessantes Szenario in Bezug auf Zeitreisen und die viele-Welten-Interpretation ist das Großvaterparadoxon. Gemäß dieser Interpretation würde das verhinderte Ereignis tatsächlich in einem anderen Zweig der Realität stattfinden. Wenn jemand versuchen würde, seinen Großvater zu töten, würde dies zu einer Aufspaltung des Universums führen, wobei es in einem Zweig zu dessen Tod käme, während in einem anderen Zweig er überleben würde. Dies würde das Paradoxon scheinbar auflösen, indem es in verschiedenen Realitäten gleichzeitig existiert.

Die viele-Welten-Interpretation hat auch Auswirkungen auf das Konzept der Zeit selbst. Wenn alle möglichen Zustände gleichzeitig existieren und sich bei jeder Interaktion verzweigen, stellt sich die Frage, ob die Zeit überhaupt eine lineare Abfolge von Ereignissen ist oder ob sie eher als ein Netzwerk von Verzweigungen angesehen werden sollte. Dieses Konzept hat tiefe Auswirkungen auf unser Verständnis von Kausalität und Ursache-Wirkungs-Beziehungen.

Die viele-Welten-Interpretation wird jedoch nicht von allen Physikern akzeptiert. Einige argumentieren, dass sie schwer zu überprüfen ist und dass sie letztendlich mehr philosophische Fragen aufwirft, als sie beantwortet. Die traditionelle Kopenhagener Interpretation der Quantenmechanik, die auf der Idee basiert, dass der Zustand eines Teilchens nicht eindeutig festgelegt ist, bis er gemessen wird, bleibt ebenfalls eine beliebte Interpretation.

Insgesamt verdeutlicht das Kapitel, "Die 'viele-Welten-Interpretation' der Quantenmechanik", wie unterschiedliche Interpretationen der Quantenphysik das Konzept von Zeitreisen beeinflussen. Die viele-Welten-Interpretation bietet eine radikale Sichtweise auf die Natur der Realität und wie sie sich bei jeder Interaktion verzweigen könnte. Sie wirft Fragen über das Wesen der Zeit, die Identität von Individuen und die Möglichkeiten von Zeitmanipulation auf. Gleichzeitig unterstreicht das Kapitel auch die Komplexität und die kontroversen Diskussionen innerhalb der Physik über die verschiedenen Möglichkeiten, die Quantenwelt zu verstehen.

4.3 Widersprüche und Lösungsansätze bei Zeitreiseparadoxa

Das Kapitel, "Widersprüche und Lösungsansätze bei Zeitreise-paradoxa", widmet sich den scheinbaren Paradoxien und Widersprüchen, die durch das Konzept der Zeitreisen entstehen, sowie den verschiedenen Ansätzen und Theorien, die entwickelt wurden, um diese Paradoxa zu lösen oder zu erklären.

Zeitreiseparadoxa sind scheinbar widersprüchliche Situationen oder Ereignisse, die auftreten könnten, wenn Zeitreisen möglich wären. Ein bekanntes Beispiel ist das Großvaterparadoxon, das bereits zuvor besprochen wurde. Ein weiteres Paradoxon ist das "Bootstrap-Paradoxon", bei dem jemand in die Vergangenheit reist und dort Informationen oder Gegenstände hinterlässt, die dann in der Zukunft wieder auftauchen und dazu führen, dass die Person in die Vergangenheit reist. Dies könnte zu einem endlosen Kreislauf führen, in dem die Ursache und die Wirkung nicht mehr klar voneinander zu unterscheiden sind.

Um diese Paradoxa zu lösen oder zu erklären, haben Forscher und Physiker verschiedene Ansätze entwickelt. Ein Ansatz besteht darin anzunehmen, dass solche Paradoxa einfach nicht auftreten können, da die Natur Mechanismen enthält, die verhindern, dass Ereignisse in der Vergangenheit geändert werden. Dieser Ansatz würde darauf hinweisen, dass es inhärente Grenzen für Zeitreisen gibt und dass das Universum selbst Maßnahmen ergreift, um Kausalitätsverletzungen zu verhindern.

Ein anderer Ansatz besteht darin, die Idee von Multiversen oder parallelen Realitäten zu verwenden, um Paradoxa aufzulösen. Gemäß dieser Interpretation würden Zeitreisen zu einer Aufspaltung des Universums führen, wobei in einem Zweig die ursprüngliche Ereigniskette unverändert bleibt, während in einem anderen Zweig die Veränderung stattfindet. Dies könnte das Paradoxon scheinbar auflösen, indem es in verschiedenen Realitäten gleichzeitig existiert.

Die "geschlossene zeitartige Kurve" ist ein weiterer Lösungsansatz. Gemäß dieser Theorie könnte es möglich sein, in der Zeit zurückzureisen, ohne dabei Widersprüche zu erzeugen, solange die Ereignisse in einem geschlossenen Kreislauf verlaufen. Das heißt, wenn jemand in die Vergangenheit reisen würde, um ein Ereignis zu verändern, könnte dieses veränderte Ereignis tatsächlich dazu führen, dass die Zeitlinie so verläuft, dass die Veränderung stattfindet – es würde also keine Veränderung der Geschichte geben.

Quantenmechanik und Quantenverschränkung könnten ebenfalls eine Rolle bei der Lösung von Zeitreiseparadoxa spielen. Einige Theorien besagen, dass der Zustand eines Teilchens nicht eindeutig ist, bis er gemessen wird. Dies könnte bedeuten, dass ein Zeitreisender, der versucht, die Vergangenheit zu ändern, tatsächlich nur einen möglichen Zustand des Teilchens beeinflusst, der dann in einem anderen Zweig der Realität existiert.

Die Diskussion um Zeitreiseparadoxa zeigt, wie komplex die Frage der Zeitmanipulation ist und wie sie grundlegende Prinzipien der Physik und Philosophie herausfordert. Die verschiedenen Lösungsansätze verdeutlichen die Vielfalt der Wege, auf denen Forscher und Denker versuchen, die scheinbaren Widersprüche aufzulösen. Gleichzeitig zeigt die Tatsache, dass diese Paradoxa immer noch kontrovers diskutiert werden, wie tiefgreifend und anspruchsvoll die Thematik ist.

Zusammenfassend verdeutlicht das Kapitel, "Widersprüche und Lösungsansätze bei Zeitreiseparadoxa", wie herausfordernd und faszinierend die Auseinandersetzung mit den Paradoxa der Zeitmanipulation ist. Diese Paradoxa werfen grundlegende Fragen über Kausalität, Ursache und Wirkung, Determinismus und die Struktur der Zeit auf. Die verschiedenen Ansätze und Theorien zeigen, wie Wissenschaftler und Denker versuchen, die scheinbaren Widersprüche zu lösen und ein kohärentes Bild der Möglichkeit von Zeitreisen zu entwickeln. Dieses Kapitel betont die Tiefe der Thematik und wie sie unser Verständnis von Raumzeit und Realität in Frage stellt.

4.4 Zeitschleifen und kausale Schließungen

Das Kapitel, "Zeitschleifen und kausale Schließungen", widmet sich einem faszinierenden Aspekt der Zeitreisen: den Konzepten von Zeitschleifen und kausalen Schließungen. Diese Ideen werfen Licht auf die Möglichkeit, dass Ereignisse in der Zeit in einer Art und Weise miteinander verknüpft sein könnten, die zu scheinbar paradoxen Situationen führt.

Eine Zeitschleife, auch als "zeitlicher Zirkelschluss" bezeichnet, ist eine Situation, in der ein Ereignis in der Zeit dazu führt, dass dasselbe Ereignis wiederholt oder auf andere Weise zurück in die Vergangenheit wirkt. Ein bekanntes Beispiel für eine Zeitschleife ist das "Bootstrap-Paradoxon", das bereits erwähnt wurde. Stellen Sie sich vor, jemand reist in die Vergangenheit und hinterlässt einem berühmten Komponisten eine Partitur. Der Komponist verwendet die Partitur, um das Musikstück zu komponieren, das später die Grundlage für die Partitur wird, die der Zeitreisende hinterlassen hat. Hier sehen wir, wie die Ursache der Partitur und ihre Wirkung in der Zukunft in einem endlosen Kreislauf miteinander verbunden sind.

Kausale Schließungen sind eng mit Zeitschleifen verbunden. Eine kausale Schließung tritt auf, wenn ein Ereignis in der Zukunft dazu führt, dass dasselbe Ereignis in der Vergangenheit beeinflusst wird. In gewisser Weise kann dies als eine Form der Kausalität rückwärts betrachtet werden – die Zukunft beeinflusst die Vergangenheit. Dies steht im Widerspruch zu unserer gewohnten Vorstellung von Ursache und Wirkung, bei der Ereignisse in der Vergangenheit Ereignisse in der Zukunft bedingen.

Die Ideen von Zeitschleifen und kausalen Schließungen werfen eine Vielzahl von philosophischen und physikalischen Fragen auf. Einerseits stellen sie unser Verständnis von Kausalität in Frage. Wenn Ereignisse in der Zukunft Ereignisse in der Vergangenheit beeinflussen können, wie können wir dann sicher sein, dass unsere Entscheidungen und Handlungen in der Gegenwart wirklich unsere Zukunft formen?

Auf der anderen Seite stellen Zeitschleifen und kausale Schließungen auch unser Verständnis von Zeit auf den Kopf. Wenn Ereignisse in der Zeit miteinander verknüpft sind und in einer nicht-linearen Weise beeinflussen können, wie lässt sich dann eine konsistente Vorstellung von Vergangenheit, Gegenwart und Zukunft aufrechterhalten?

Physiker und Forscher haben versucht, Zeitschleifen und kausale Schließungen zu erklären oder aufzulösen. Ein Ansatz besteht darin, anzunehmen, dass solche Paradoxa durch die Struktur von Raumzeit und Kausalität verhindert werden. Dies könnte bedeuten, dass die Natur inhärente Mechanismen enthält, die verhindern, dass Ereignisse in der Zukunft Ereignisse in der Vergangenheit beeinflussen können.

Die Quantenmechanik bietet ebenfalls Erklärungsansätze. Einige Theorien besagen, dass auf der kleinsten Skala von Teilcheninteraktionen Ursache und Wirkung nicht so klar definiert sind wie auf der makroskopischen Ebene. In dieser Hinsicht könnten Zeitschleifen und kausale Schließungen auf quantenmechanischer Ebene weniger widersprüchlich sein.

Die Diskussion um Zeitschleifen und kausale Schließungen verdeutlicht die Komplexität der Thematik der Zeitreisen. Diese

Ideen fordern nicht nur unser grundlegendes Verständnis von Zeit und Kausalität heraus, sondern werfen auch Fragen über die Natur der Realität auf. Gleichzeitig unterstreicht die Tatsache, dass es keine eindeutigen Antworten gibt und dass die Diskussion weiterhin aktiv ist, wie tiefgreifend und anspruchsvoll diese Aspekte der Zeitmanipulation sind.

Zusammenfassend zeigt das Kapitel, "Zeitschleifen und kausale Schließungen", wie tiefgehend und komplex die Konzepte von Zeitschleifen und kausalen Schließungen sind. Diese Ideen werfen Fragen über Kausalität, Ursache und Wirkung und die Struktur der Zeit selbst auf. Die verschiedenen Lösungsansätze und Theorien verdeutlichen die Vielfalt der Möglichkeiten, wie Forscher und Denker versuchen, diese scheinbar widersprüchlichen Situationen zu verstehen und zu erklären. Dieses Kapitel betont die Tiefe der Thematik und wie sie unser Verständnis von Raumzeit und Realität auf eine herausfordernde Weise beeinflusst.

4.5 Ethik und Moral in Bezug auf Vergangenheitsmanipulation

Das Kapitel, "Ethik und Moral in Bezug auf Vergangenheitsmanipulation", widmet sich den tiefgreifenden ethischen und moralischen Fragen, die sich aus der Idee der Zeitmanipulation ergeben. Die Fähigkeit, in die Vergangenheit zu reisen und Ereignisse zu verändern, stellt nicht nur physikalische und philosophische Herausforderungen dar, sondern wirft auch wichtige Fragen über die Verantwortung von Zeitreisenden auf.

Eines der zentralen ethischen Dilemmata betrifft die Idee der "historischen Integrität". Wenn Zeitreisende in die Vergangenheit reisen und Ereignisse verändern, könnten sie die historische Wahrheit verfälschen und das kulturelle Erbe ganzer Gesellschaften beeinflussen. Dies wirft die Frage auf, ob Zeitreisende das Recht haben, in die Vergangenheit einzugreifen, oder ob sie verpflichtet sind, die Ereignisse so zu belassen, wie sie waren, um die Authentizität der Geschichte zu bewahren.

Ein weiteres ethisches Dilemma betrifft die Frage der individuellen Freiheit und Autonomie. Wenn ein Zeitreisender in die Vergangenheit reist und dort Ereignisse beeinflusst, könnte dies die Lebenswege von Menschen verändern, ohne dass sie eine Wahl haben. Dies wirft Fragen über das Recht von Individuen auf, ihre eigenen Entscheidungen zu treffen, ohne von äußeren Kräften beeinflusst zu werden.

Ein besonders kontroverses Szenario betrifft das „Rettungsparadoxon". Stellen Sie sich vor, jemand reist in die Vergangenheit, um eine Tragödie wie den Holocaust zu verhindern. Auf den ersten Blick mag dies ethisch gerechtfertigt erscheinen, da unermessliches Leid verhindert wird. Jedoch wirft diese Aktion auch Fragen auf, wie etwa die Möglichkeit, dass dadurch andere Ereignisse ausgelöst werden könnten, die ebenfalls schreckliche Konsequenzen haben. Zudem stellt sich die Frage, ob es moralisch akzeptabel ist, in die Geschichte einzugreifen, um sie nach eigenen Vorstellungen zu gestalten.

Die Ethik von Zeitreisen wird weiter komplexer, wenn wir die "Butterfly-Effekt"-Idee betrachten. Diese besagt, dass kleine Änderungen in der Vergangenheit große Auswirkungen in der Zukunft haben könnten. Ein winziger Eingriff könnte eine Kaskade von Ereignissen auslösen, die zu unvorhersehbaren Konsequenzen führen. Dies wirft die Frage auf, wie verantwortlich Zeitreisende für die unerwarteten Auswirkungen ihrer Handlungen sind.

Fragen der Moral und Ethik im Kontext von Zeitreisen betreffen nicht nur die Handlungen von Einzelpersonen, sondern auch die Rolle von Regierungen und Institutionen. Die Möglichkeit, in die Vergangenheit zu reisen, könnte zu politischem Missbrauch führen, bei dem Regierungen versuchen könnten, die Geschichte zu ihren Gunsten zu verändern. Dies wirft Fragen über die Überwachung, die Kontrolle und die Verantwortung von Zeitreisenden auf.

Die Diskussion über Ethik und Moral in Bezug auf Vergangenheitsmanipulation zeigt, wie weitreichend die Implikationen von

Zeitreisen sind. Diese Ideen berühren nicht nur die Natur der Zeit und der Realität, sondern werfen auch grundlegende Fragen über unsere Verantwortung für die Vergangenheit und die Zukunft auf. Gleichzeitig unterstreicht die Tatsache, dass es keine einfachen Antworten gibt und dass die ethischen Debatten weiterhin aktiv sind, wie tiefgreifend und anspruchsvoll diese Aspekte der Zeitmanipulation sind.

Zusammenfassend zeigt das Kapitel, "Ethik und Moral in Bezug auf Vergangenheitsmanipulation", wie komplex und bedeutungsvoll die ethischen Fragen im Zusammenhang mit Zeitreisen sind. Diese Fragen berühren nicht nur unser Verständnis von Zeit und Raum, sondern auch unsere Vorstellungen von Verantwortung, Freiheit und Moral. Die verschiedenen Szenarien und Dilemmata verdeutlichen die Vielfalt der Möglichkeiten, wie Zeitreisen ethisch bewertet werden können, und wie diese Bewertungen tiefgreifende Auswirkungen auf individuelle Entscheidungen und gesellschaftliche Normen haben können. Dieses Kapitel betont die Tiefe der Thematik und wie sie unser Verständnis von Ethik und Verantwortung auf eine herausfordernde Weise beeinflusst.

4.6 Der Einfluss von Zeitreisen auf historische Narrative

Das Kapitel, "Der Einfluss von Zeitreisen auf historische Narrative", widmet sich der faszinierenden Frage, wie Zeitreisen das Verständnis von Geschichte und historischen Erzählungen verändern könnten. Die Möglichkeit, in die Vergangenheit zu reisen und Ereignisse zu verändern, wirft nicht nur physikalische und ethische Fragen auf, sondern hat auch tiefgreifende Auswirkungen auf die Art und Weise, wie wir unsere Vergangenheit interpretieren.

Eine der grundlegenden Überlegungen betrifft die "gefälschte" Geschichte. Wenn Zeitreisende Ereignisse verändern, könnten sie dazu führen, dass die historische Aufzeichnung nicht mehr mit den tatsächlichen Ereignissen übereinstimmt. Dies könnte dazu führen, dass die Wahrheit über die Vergangenheit verloren geht oder verzerrt wird. Die Frage lautet: Wie könnten wir sicher sein, dass unsere historischen Aufzeichnungen zuverlässig sind, wenn sie durch Zeitreisen beeinflusst werden könnten?

Ein weiterer Einfluss betrifft die Idee der "alternativen Geschichtsschreibung". Wenn Zeitreisen die Vergangenheit verändern könnten, könnten wir plötzlich mit verschiedenen Versionen der Geschichte konfrontiert sein – je nachdem, welche Entscheidungen Zeitreisende getroffen haben. Dies wirft die Frage auf, ob es möglich ist, eine "wahre" Version der Geschichte zu identifizieren oder ob jede Version in gewisser Weise gültig sein könnte.

Der Einfluss von Zeitreisen auf historische Narrative könnte auch dazu führen, dass Ereignisse, die zuvor als selbstverständlich galten, in Frage gestellt werden. Wenn Zeitreisende in die Vergangenheit reisen und bestimmte Ereignisse verhindern oder beeinflussen, könnten ganze Ketten von Ereignissen verschoben oder verändert werden. Dies könnte dazu führen, dass die Ursachen von Ereignissen unklar werden oder dass plötzlich alternative Erklärungen für historische Wendepunkte auftauchen.

Ein interessantes Szenario ist das Konzept der "zeitlichen Abzweigungen". Gemäß dieser Vorstellung könnten Zeitreisen dazu führen, dass sich die Geschichte in verschiedene Richtungen verzweigt. Jede Veränderung, die ein Zeitreisender in der Vergangenheit vornimmt, könnte dazu führen, dass eine neue Realität geschaffen wird, in der die Ereignisse anders verlaufen. Dies würde bedeuten, dass es unzählige mögliche Versionen der Geschichte geben könnte, je nachdem, welche Entscheidungen Zeitreisende treffen.

Der Einfluss von Zeitreisen auf historische Narrative wirft nicht nur Fragen über das Verständnis von Geschichte auf, sondern hat auch kulturelle und philosophische Implikationen. Die Art und Weise, wie wir unsere Vergangenheit erzählen und interpretieren, könnte sich grundlegend ändern, wenn Zeitreisen möglich wären. Dies wirft die Frage auf, wie flexibel oder stabil unsere Vorstellungen von

Geschichte wirklich sind und wie wir mit den Unsicherheiten und Unbestimmtheiten umgehen würden, die mit der Möglichkeit von Zeitreisen einhergehen.

Die Diskussion über den Einfluss von Zeitreisen auf historische Narrative verdeutlicht, wie tiefgreifend die Auswirkungen dieser Idee auf unser Verständnis von Geschichte und Identität sein könnten. Diese Überlegungen betreffen nicht nur die Art und Weise, wie wir unsere Vergangenheit erzählen, sondern werfen auch grundlegende Fragen über die Natur der Realität und die Interpretation von Fakten auf. Gleichzeitig zeigt die Tatsache, dass diese Fragen keine klaren Antworten haben und weiterhin diskutiert werden, wie komplex und reichhaltig die Verbindungen zwischen Zeitreisen, Geschichte und menschlicher Kultur sind.

Zusammenfassend verdeutlicht das Kapitel, "Der Einfluss von Zeitreisen auf historische Narrative", wie vielschichtig und tiefgreifend die Auswirkungen von Zeitreisen auf unser Verständnis von Geschichte sind. Diese Ideen berühren nicht nur unsere Vorstellungen von Wahrheit und Authentizität, sondern werfen auch grundlegende Fragen über die Flexibilität von historischen Erzählungen und die Natur der Zeit selbst auf. Die verschiedenen Szenarien und Überlegungen zeigen, wie Zeitreisen das Konzept von Geschichte und Identität in einer Weise herausfordern könnten, die weit über die traditionelle Vorstellung hinausgeht. Dieses Kapitel betont die Tiefe der Thematik und wie sie unser Verständnis von Geschichte und Kultur auf eine herausfordernde Weise beeinflusst.

4.7 Zeitreisen in der Religionsphilosophie: Schicksal und Glaube

Das Kapitel, "Zeitreisen in der Religionsphilosophie: Schicksal und Glaube", widmet sich den tiefgreifenden Verbindungen zwischen Zeitreisen und religiösen Vorstellungen. Die Idee der Zeitmanipulation wirft nicht nur physikalische und ethische Fragen auf, sondern hat auch Auswirkungen auf unsere religiösen Überzeugungen über Schicksal, Glaube und die Natur der göttlichen Vorsehung.

Eine der zentralen Überlegungen betrifft das Konzept von Schicksal und freiem Willen. In vielen religiösen Traditionen wird davon ausgegangen, dass das Schicksal von einer höheren Macht bestimmt wird und dass unsere Entscheidungen und Handlungen Teil eines göttlichen Plans sind. Wenn Zeitreisen möglich wären, könnte dies bedeuten, dass unsere Handlungen und Entscheidungen nicht nur von unserer eigenen Autonomie abhängen, sondern auch von der Möglichkeit der Intervention von Zeitreisenden. Dies wirft Fragen darüber auf, wie unsere Vorstellung von freiem Willen und göttlicher Führung mit der Möglichkeit von Zeitreisen in Einklang gebracht werden könnte.

Ein weiterer Aspekt betrifft die Vorstellung von Zeitreisen als göttlicher Eingriff. In vielen religiösen Erzählungen gibt es Berichte über Wunder und übernatürliche Ereignisse, bei denen die Zeit in gewisser Weise manipuliert wird. Die Möglichkeit von Zeitreisen könnte als eine moderne Interpretation solcher göttlichen Eingriffe gesehen werden. Dies wirft die Frage auf, wie religiöse Gemeinschaften auf die Vorstellung von Menschen, die in der Zeit reisen können, reagieren würden, und wie diese Vorstellung in bestehende religiöse Narrativen integriert werden könnte.

Die Idee der Zeitmanipulation wirft auch Fragen über das Verhältnis von Glaube und Wissen auf. In vielen Religionen basiert der Glaube auf Offenbarung und spiritueller Erfahrung, während Wissen auf rationalen Belegen und empirischer Forschung beruht. Die Vorstellung von Zeitreisen könnte diese beiden Bereiche zusammenführen, indem sie religiöse Erfahrungen mit wissenschaftlicher Erkenntnis verknüpft. Dies könnte dazu führen, dass die Grenzen zwischen Glauben und Wissen verschwimmen und dass die religiöse Interpretation von Zeitreisen eine breitere Debatte über die Beziehung zwischen Wissenschaft und Spiritualität auslöst.

Ein besonders interessantes Szenario ist die Möglichkeit, durch Zeitreisen religiöse Ereignisse zu bezeugen oder zu erleben. Stellen Sie sich vor, jemand könnte in die Vergangenheit reisen und

Zeuge von wichtigen religiösen Ereignissen werden, wie zum Beispiel den Lehren eines prophetischen Lehrers oder den Momenten von Wundern. Dies könnte das Verständnis religiöser Überzeugungen und Praktiken auf eine einzigartige Weise vertiefen, da Menschen direkte Einblicke in Ereignisse erhalten könnten, die in ihrer eigenen Zeit nicht mehr existieren.

Die Diskussion über Zeitreisen in der Religionsphilosophie verdeutlicht, wie tiefgreifend die Auswirkungen dieser Idee auf religiöse Vorstellungen und Glaubenssysteme sein könnten. Diese Überlegungen betreffen nicht nur die theologische Interpretation von Zeitreisen, sondern werfen auch grundlegende Fragen über die Natur von Schicksal, Glaube und göttlicher Vorsehung auf. Gleichzeitig zeigt die Tatsache, dass diese Fragen keine eindeutigen Antworten haben und weiterhin diskutiert werden, wie vielfältig und anspruchsvoll die Verbindungen zwischen Zeitreisen und Religion sind.

Zusammenfassend unterstreicht das Kapitel, "Zeitreisen in der Religionsphilosophie: Schicksal und Glaube", wie komplex und tiefgehend die Verbindungen zwischen Zeitreisen und religiösen Vorstellungen sein könnten. Diese Überlegungen betreffen nicht nur die theologische Interpretation von Zeitmanipulation, sondern werfen auch grundlegende Fragen über das Verhältnis zwischen menschlicher Handlungsfreiheit und göttlicher Führung auf. Die verschiedenen Szenarien und Gedankengänge zeigen, wie Zeitreisen das Verständnis von Schicksal, Glaube und Spiritualität in einer Weise beeinflussen könnten, die weit über traditionelle religiöse Vorstellungen hinausgeht. Dieses Kapitel betont die Tiefe der Thematik und wie sie unser Verständnis von Religion und Spiritualität auf eine herausfordernde Weise beeinflusst.

4.8 Die Herausforderungen der Geschichtsforschung bei Zeitreisen

Das Kapitel, "Die Herausforderungen der Geschichtsforschung bei Zeitreisen", beschäftigt sich mit den komplexen Fragen und Schwierigkeiten, die sich ergeben würden, wenn Zeitreisen möglich wären und wie sie die traditionelle Geschichtsforschung beeinflussen könnten. Die Idee der Zeitmanipulation wirft nicht nur physikalische und ethische Fragen auf, sondern hat auch erhebliche Auswirkungen auf die Art und Weise, wie Historiker Ereignisse untersuchen und interpretieren.

Eine der grundlegenden Herausforderungen betrifft die Zuverlässigkeit von historischen Aufzeichnungen. Wenn Zeitreisen möglich wären und Menschen in die Vergangenheit reisen könnten, um Ereignisse zu verändern, könnte dies dazu führen, dass historische Aufzeichnungen nicht mehr als verlässliche Quellen betrachtet werden können. Historiker würden vor der schwierigen Aufgabe stehen, zwischen tatsächlichen historischen Ereignissen und Veränderungen, die möglicherweise durch Zeitreisen verursacht wurden, zu unterscheiden.

Ein weiteres Problem betrifft die Kausalität von Ereignissen. Die Möglichkeit von Zeitreisen könnte bedeuten, dass Ereignisse nicht mehr in einer klaren Ursache-Wirkung-Beziehung stehen. Historiker würden vor der Herausforderung stehen, zu bestimmen, ob ein Ereignis aufgrund natürlicher Entwicklungen oder aufgrund von Eingriffen von Zeitreisenden eingetreten ist. Dies könnte zu komplexen Debatten über die Interpretation von historischen Verknüpfungen führen.

Die Vorstellung von Zeitreisen könnte auch zu neuen Methoden der Geschichtsforschung führen. Historiker könnten versuchen, Zeugnisse von Zeitreisenden zu sammeln und zu analysieren, um Einblicke in vergangene Ereignisse zu erhalten. Dies würde bedeuten, dass Historiker nicht nur auf Dokumente, Aufzeichnungen und archäologische Funde angewiesen wären, sondern auch auf die Erinnerungen und Berichte von Zeitreisenden.

Ein besonders interessantes Szenario ist die Möglichkeit, Ereignisse aus verschiedenen Perspektiven zu betrachten. Wenn Zeitreisen möglich wären, könnten Historiker Ereignisse aus verschiedenen Zeiten und Blickwinkeln beobachten. Dies könnte dazu führen, dass neue Details und Zusammenhänge aufgedeckt werden, die bisher unbekannt waren. Gleichzeitig könnte dies aber auch zu komplexen Fragen darüber führen, wie die verschiedenen Perspektiven zu einem umfassenden Verständnis der Geschichte zusammengeführt werden könnten.

Die Diskussion über die Herausforderungen der Geschichtsforschung bei Zeitreisen zeigt, wie vielfältig und tiefgreifend die Auswirkungen dieser Idee auf das Feld der Historiographie sein könnten. Diese Überlegungen betreffen nicht nur die methodischen Aspekte der Geschichtsforschung, sondern werfen auch grundlegende Fragen über die Natur der historischen Wahrheit, die Interpretation von Quellen und die Kausalität von Ereignissen auf. Gleichzeitig zeigt die Tatsache, dass diese Fragen keine einfachen Antworten haben und weiterhin diskutiert werden, wie anspruchsvoll und herausfordernd die Verbindung zwischen Zeitreisen und Geschichtsforschung ist.

Zusammenfassend unterstreicht das Kapitel, "Die Herausforderungen der Geschichtsforschung bei Zeitreisen", wie komplex und vielschichtig die Auswirkungen von Zeitreisen auf das Feld der Geschichtsforschung sein könnten. Diese Überlegungen betreffen nicht nur die methodischen Aspekte der Geschichtsforschung, sondern werfen auch grundlegende Fragen über die Natur der Geschichte, die Interpretation von Quellen und die Veränderung von Ereignissen aufgrund von Zeitmanipulation auf. Die verschiedenen Szenarien und Gedankengänge zeigen, wie Zeitreisen das Verständnis von Geschichte und die Herangehensweise der Historiker in einer Weise beeinflussen könnten, die weit über traditionelle Geschichtsschreibung hinausgeht. Dieses Kapitel betont die Tiefe der Thematik und wie sie unser Verständnis von Geschichte und historischer Methodik auf eine herausfordernde Weise beeinflusst.

4.9 Reisen in prähistorische Zeiten: Archäologie und Zeitmanipulation

Das Kapitel, "Reisen in prähistorische Zeiten: Archäologie und Zeitmanipulation", widmet sich den faszinierenden Implikationen, die sich ergeben würden, wenn Zeitreisen es ermöglichen würden, in die prähistorische Vergangenheit zu reisen. Die Idee der Zeitmanipulation wirft nicht nur physikalische und ethische Fragen auf, sondern hat auch erhebliche Auswirkungen auf die Art und Weise, wie wir unser Wissen über die frühesten Phasen der Menschheitsgeschichte erlangen und interpretieren.

Eine der grundlegenden Überlegungen betrifft die Möglichkeit, archäologische Forschung in der prähistorischen Zeit durchzuführen. Wenn Zeitreisen realisiert werden könnten, könnten Archäologen direkt in die Vergangenheit reisen, um Artefakte und Überreste aus prähistorischen Epochen zu untersuchen. Dies würde nicht nur ermöglichen, authentische Einblicke in die Lebensweise und Kultur unserer Vorfahren zu gewinnen, sondern auch das Potenzial haben, viele offene Fragen über die Vergangenheit zu klären.

Ein weiterer Aspekt betrifft die ethische Verantwortung bei solchen Zeitreisen. Das Betreten der prähistorischen Welt könnte die Umwelt und die Lebensweise dieser Zeit beeinflussen und möglicherweise irreparable Schäden anrichten. Archäologen würden vor der schwierigen Aufgabe stehen, wie sie verantwortungsvoll mit der Möglichkeit von Zeitreisen umgehen können, ohne die Vergangenheit zu beeinträchtigen oder zu verzerren.

Die Vorstellung von Zeitreisen in prähistorische Zeiten könnte auch zu neuen Paradigmen in der Archäologie führen. Bisher basiert die Archäologie auf indirekten Methoden, um vergangene Kulturen zu rekonstruieren. Wenn Zeitreisen möglich wären, könnten Wissenschaftler direkte Beobachtungen anstellen, um Details über das Leben in der prähistorischen Welt zu sammeln. Dies könnte zu einem revolutionären Fortschritt in der Art und Weise führen, wie wir unser Wissen über die Vergangenheit aufbauen.

Ein besonders interessantes Szenario ist die Möglichkeit, mit prähistorischen Menschen in Kontakt zu treten. Wenn Zeitreisen es ermöglichen würden, in die prähistorische Welt zu reisen, könnten moderne Menschen in direkten Austausch mit unseren Vorfahren treten. Dies würde nicht nur neue Erkenntnisse über die Kulturen und Sprachen dieser Zeit ermöglichen, sondern auch zu einem tieferen Verständnis der menschlichen Entwicklung und Evolution führen.

Die Diskussion über Reisen in prähistorische Zeiten und die Verbindung zur Archäologie verdeutlicht, wie tiefgreifend die Auswirkungen dieser Idee auf unser Verständnis der Menschheitsgeschichte sein könnten. Diese Überlegungen betreffen nicht nur die methodischen Aspekte der Archäologie, sondern werfen auch grundlegende Fragen über die Natur der menschlichen Entwicklung, die Interpretation von Artefakten und die Auswirkungen von Eingriffen in die Vergangenheit auf. Gleichzeitig zeigt die Tatsache, dass diese Fragen keine klaren Antworten haben und weiterhin diskutiert werden, wie anspruchsvoll und herausfordernd die Verbindung zwischen Zeitreisen und Archäologie ist.

Zusammenfassend unterstreicht das Kapitel, "Reisen in prähistorische Zeiten: Archäologie und Zeitmanipulation", wie komplex und faszinierend die Verbindung zwischen Zeitreisen und Archäologie sein könnte. Diese Überlegungen betreffen nicht nur die wissenschaftliche Forschung, sondern werfen auch grundlegende Fragen über unser Verständnis der Vergangenheit, unsere Verantwortung gegenüber dieser und die ethischen Implikationen von Eingriffen in vergangene Kulturen auf. Die verschiedenen Szenarien und Gedankengänge zeigen, wie Zeitreisen das Feld der Archäologie in einer Weise beeinflussen könnten, die weit über traditionelle Methoden hinausgeht. Dieses Kapitel betont die Tiefe der Thematik und wie sie unser Verständnis der Menschheitsgeschichte auf eine herausfordernde und aufregende Weise beeinflusst.

4.10 Das Paradoxon der "Selbst"-Zeitreisen: Identität und Veränderung

Das Kapitel, "Das Paradoxon der 'Selbst'-Zeitreisen: Identität und Veränderung", behandelt eine der faszinierendsten und rätselhaftesten Aspekte von Zeitreisen – das Paradoxon, das sich ergibt, wenn jemand in seine eigene Vergangenheit reist und möglicherweise Ereignisse verändert, die seine eigene Existenz beeinflussen könnten. Diese Selbst-Zeitreisen stellen nicht nur eine enorme intellektuelle Herausforderung dar, sondern werfen auch tiefgehende Fragen über die Natur der Identität, des freien Willens und der Kausalität auf.

Ein zentrales Paradoxon, das sich ergibt, ist das sogenannte "Großvaterparadoxon". Stellen Sie sich vor, jemand reist in die Vergangenheit und verhindert, dass sein Großvater seine Großmutter trifft und somit sein eigener Großvater wird. Dies würde bedeuten, dass die Person nie geboren worden wäre, um in die Vergangenheit zu reisen und die Veränderung vorzunehmen. Dies wirft die Frage auf, wie solche widersprüchlichen Situationen aufgelöst werden könnten und ob Zeitreisen überhaupt möglich wären, ohne logische Inkonsistenzen zu erzeugen.

Ein anderer wichtiger Aspekt ist die Frage nach der Identität. Wenn jemand in die eigene Vergangenheit reist und dort auf das jüngere Selbst trifft, wie würden sich die beiden Versionen der Person interagieren? Würden sie denselben Körper teilen? Würde das Wissen und die Erfahrung des älteren Selbst das Verhalten des jüngeren Selbst beeinflussen? Dies wirft nicht nur philosophische Fragen über die Kontinuität der Identität auf, sondern auch darüber, wie Zeitreisen die Vorstellung von "Selbst" in Frage stellen könnten.

Die Selbst-Zeitreisen stellen auch ethische Fragen auf. Wenn jemand in die eigene Vergangenheit reist und Ereignisse verändert, könnte dies erhebliche Auswirkungen auf das Leben anderer

Menschen haben, die von den ursprünglichen Ereignissen betroffen waren. Die Entscheidung, in die Vergangenheit einzugreifen, könnte als eine Art "Übernahme" der Lebenswege anderer gesehen werden. Dies wirft Fragen über Verantwortung und moralische Konsequenzen von Zeitreisen auf.

Ein besonders interessantes Szenario ist das Konzept der "selbstlosen" Zeitreisen. Stellen Sie sich vor, jemand reist in die eigene Vergangenheit, verändert Ereignisse und kehrt dann in die Gegenwart zurück – jedoch ohne Erinnerung an die ursprünglichen Ereignisse. Dies würde bedeuten, dass das "alte" Selbst nicht mehr existiert und das "neue" Selbst die Veränderungen fortsetzt. Dies wirft die Frage auf, ob das "neue" Selbst überhaupt noch als dieselbe Person betrachtet werden könnte.

Die Diskussion über das Paradoxon der "Selbst"-Zeitreisen verdeutlicht, wie tiefgreifend und herausfordernd die Auswirkungen dieser Idee auf unser Verständnis von Identität, Zeit und Kausalität sind. Diese Überlegungen betreffen nicht nur die philosophische und logische Kohärenz von Zeitreisen, sondern werfen auch grundlegende Fragen über die Natur des menschlichen Selbst, die Bedeutung von freiem Willen und die ethischen Implikationen von Eingriffen in die eigene Vergangenheit auf. Gleichzeitig zeigt die Tatsache, dass diese Fragen keine klaren Antworten haben und weiterhin diskutiert werden, wie vielschichtig und komplex die Verbindung zwischen Zeitreisen und persönlicher Identität ist.

Zusammenfassend unterstreicht das Kapitel, "Das Paradoxon der 'Selbst'-Zeitreisen: Identität und Veränderung", wie tiefgreifend und verwirrend die Implikationen von Selbst-Zeitreisen sein könnten. Diese Überlegungen betreffen nicht nur die intellektuelle Herausforderung von Paradoxien, sondern werfen auch grundlegende Fragen über die Natur des Selbst, die Kontinuität der Identität und die ethischen Konsequenzen von Zeitmanipulation auf. Die verschiedenen Szenarien und Gedankengänge zeigen, wie Selbst-Zeitreisen unser Verständnis von Zeit, Raum und persönlicher Existenz in einer Weise herausfordern könnten, die weit über traditionelle Vorstellungen hinausgeht. Dieses Kapitel betont die Tiefe der Thematik und wie sie unsere Vorstellungen von Identität und Realität auf eine höchst anspruchsvolle und anregende Weise beeinflusst.

Kapitel 5: Wurmlöcher und Exotische Materie

5.1 Theoretische Grundlagen von Wurmlöchern

Das Kapitel, "Theoretische Grundlagen von Wurmlöchern", widmet sich der faszinierenden Möglichkeit von Wurmlöchern als hypothetische Strukturen im Raumzeitgewebe, die potenziell Zeitreisen ermöglichen könnten. Diese theoretischen Gebilde, die aus den Gleichungen der Allgemeinen Relativitätstheorie abgeleitet wurden, werfen nicht nur spannende Fragen über die Natur von Raum und Zeit auf, sondern auch über die technologische Realisierbarkeit und die physikalischen Konsequenzen solcher Strukturen.

Ein grundlegendes Konzept, das in diesem Kapitel behandelt wird, ist das der gekrümmten Raumzeit. Gemäß der Allgemeinen Relativitätstheorie wird die Gravitation als Krümmung der Raumzeit beschrieben, die von Massen und Energien verursacht wird. Ein Wurmloch wird als räumliche Verzerrung in der Raumzeit betrachtet, die es erlauben könnte, von einem Ort im Raum zu einem anderen Ort zu gelangen, indem man durch eine gekrümmte "Abkürzung" reist.

Wurmlöcher könnten theoretisch als Brücken oder Tunnel zwischen verschiedenen Regionen des Universums dienen. Wenn es gelänge, ein solches Wurmloch zu stabilisieren und offen zu halten, könnte es als Durchgang dienen, der es ermöglicht, Raum und Zeit zu überwinden. Dies würde die Möglichkeit von Raum-Zeit-Reisen eröffnen, bei denen man von einem Ende des Wurmlochs zum anderen reist, wobei die Zeitdauer für die Reise deutlich kürzer sein könnte, als es bei einer konventionellen Raumfahrt der Fall wäre.

Ein weiteres Konzept, das in diesem Kapitel erörtert wird, ist das der Exotischen Materie. Wurmlöcher erfordern eine besondere Form von Materie, die als "exotische Materie" bezeichnet wird und negative Energiedichte aufweisen müsste. Diese exotische Materie wäre erforderlich, um die Krümmung der Raumzeit im Wurmloch aufrechtzuerhalten und es vor dem Zusammenstürzen zu bewahren. Die Existenz von exotischer Materie ist jedoch bislang rein hypothetisch und hat bisher weder in Experimenten noch in Beobachtungen nachgewiesen werden können.

Eine der aufregendsten Aspekte von Wurmlöchern ist ihre mögliche Verwendung als Zeitreisevorrichtungen. Theoretisch könnten Wurmlöcher nicht nur räumliche Abkürzungen ermöglichen, sondern auch Zeitverzerrungen erzeugen. Dies bedeutet, dass es theoretisch möglich sein könnte, von einem Ende des Wurmlochs zum anderen zu reisen und dabei zu einer früheren oder späteren Zeit in der Raumzeit zu gelangen. Diese Idee wirft jedoch immense theoretische und physikalische Fragen auf, da sie mit den bekannten Prinzipien der Kausalität und der Erhaltung von Ursache und Wirkung in Konflikt gerät.

Das Kapitel beleuchtet auch die Unsicherheiten und Herausforderungen bei der Erforschung von Wurmlöchern. Es gibt zahlreiche unbeantwortete Fragen, angefangen von der Stabilität und Traversierbarkeit von Wurmlöchern bis hin zur Möglichkeit, die exotische Materie zu erzeugen oder zu finden, die zur Aufrechterhaltung dieser Strukturen erforderlich wäre. Die Diskussion über Wurmlöcher verdeutlicht, wie viel wir noch nicht verstehen und wie komplex die physikalischen, technologischen und theoretischen Fragen im Zusammenhang mit dieser Idee sind.

Zusammenfassend unterstreicht das Kapitel, "Theoretische Grundlagen von Wurmlöchern", wie aufregend und anspruchsvoll die Idee von Wurmlöchern als mögliche Zeitreisevorrichtungen ist. Diese theoretischen Strukturen werfen nicht nur Fragen über die Natur von Raum und Zeit auf, sondern auch über die technologische Machbarkeit und die physikalischen Implikationen solcher Konzepte. Das Kapitel betont die Tiefe der Thematik und wie sie unser Verständnis von Raum, Zeit und den Grenzen der Physik auf eine aufregende und herausfordernde Weise erweitert.

5.2 Eigenschaften von Wurmlöchern und ihre Möglichkeiten

Das Kapitel, "Eigenschaften von Wurmlöchern und ihre Möglichkeiten", vertieft das Verständnis für die Eigenschaften dieser hypothetischen Raumzeitstrukturen und erforscht die potenziellen Anwendungen und Konsequenzen ihrer Existenz. Wurmlöcher sind eines der faszinierendsten Konzepte der theoretischen Physik und werfen nicht nur Fragen über die Natur von Raum und Zeit auf, sondern auch über die Grenzen unserer aktuellen physikalischen Erkenntnisse.

Eine der zentralen Eigenschaften von Wurmlöchern ist ihre Geometrie. Sie werden oft als röhrenartige Verbindungen zwischen zwei Regionen der Raumzeit dargestellt, die eine kürzere Entfernung zwischen diesen beiden Punkten ermöglichen könnten. Diese Verbindung würde jedoch eine beträchtliche Krümmung der Raumzeit erfordern, um die "Abkürzung" zu schaffen, was auf die Präsenz von exotischer Materie hinweist. Die Geometrie von Wurmlöchern führt zu vielen theoretischen Überlegungen und Rechnungen, um ihre Stabilität, Traversierbarkeit und Eigenschaften zu verstehen.

Ein wesentlicher Aspekt, der in diesem Kapitel beleuchtet wird, ist die Reise durch Wurmlöcher. Während die Idee der Raum-Zeit-Verzerrung und der Verbindung zwischen entfernten Punkten aufregend ist, ergeben sich viele technische Herausforderungen. Beispielsweise könnte die Passage durch ein Wurmloch extreme Gravitationskräfte und Zeitdilatationen zur Folge haben, die die Reise für Menschen und Objekte gefährlich oder unmöglich machen könnten. Die theoretischen und technischen Aspekte der Durchquerung von Wurmlöchern sind noch nicht vollständig verstanden und werfen viele offene Fragen auf.

Eine weitere Frage betrifft die Stabilität von Wurmlöchern. Die Krümmung der Raumzeit, die notwendig ist, um ein Wurmloch offen zu halten, erfordert die Anwesenheit von exotischer Materie mit negativer Energiedichte. Da bisher keine Nachweise für die Existenz von exotischer Materie erbracht wurden, bleibt unklar, ob

Wurmlöcher überhaupt realistisch stabilisiert werden könnten. Dies wirft Fragen auf über die physikalischen Prinzipien, die solche Materie erzeugen oder beeinflussen könnten.

Ein besonders interessanter Aspekt von Wurmlöchern ist ihre potenzielle Verwendung für Zeitreisen. Theoretisch könnten Wurmlöcher nicht nur räumliche Abkürzungen ermöglichen, sondern auch Zeitverzerrungen erzeugen. Dies bedeutet, dass es möglich sein könnte, von einem Ende des Wurmlochs zum anderen zu reisen und dabei zu einer früheren oder späteren Zeit in der Raumzeit zu gelangen. Diese Idee wirft jedoch immense theoretische und philosophische Fragen auf, da sie mit den bekannten Prinzipien der Kausalität und der Erhaltung von Ursache und Wirkung in Konflikt gerät.

Das Kapitel behandelt auch die Konzepte von "Traversable" und "Non-Traversable" Wurmlöchern. Ein "Traversable" Wurmloch wäre eine Struktur, die es ermöglichen würde, tatsächlich hindurch zu reisen. Ein "Non-Traversable" Wurmloch hingegen wäre eine Struktur, die zwar existiert, aber für die Reise unzugänglich oder instabil wäre. Diese Unterscheidung ist wichtig, um die verschiedenen Möglichkeiten und Einschränkungen von Wurmlöchern zu verstehen.

Die Diskussion über die Eigenschaften von Wurmlöchern und ihre Möglichkeiten verdeutlicht, wie vielschichtig und herausfordernd diese theoretischen Gebilde sind. Diese Überlegungen betreffen nicht nur die physikalischen Aspekte von Raumzeit und Gravitation, sondern werfen auch grundlegende Fragen über die technologische Umsetzbarkeit, die Stabilität von Raumzeitstrukturen und die Bedeutung von Raum-Zeit-Reisen auf. Das Kapitel betont die Tiefe der Thematik und wie sie unser Verständnis von Raum, Zeit und der Struktur des Universums auf eine aufregende und anspruchsvolle Weise erweitert.

5.3 Einstein-Rosen-Brücken: Verbindung von Raum und Zeit

Das Kapitel, "Einstein-Rosen-Brücken: Verbindung von Raum und Zeit", widmet sich der tiefgründigen und faszinierenden Idee der Einstein-Rosen-Brücken, die auch als "Wurmloch" bekannt sind. Diese hypothetischen Raumzeitstrukturen wurden erstmals durch die Arbeiten von Albert Einstein und Nathan Rosen im Jahr 1935 eingeführt und haben seitdem die Vorstellungskraft von Wissenschaftlern und Science-Fiction-Enthusiasten gleichermaßen gefesselt.

Die Grundidee hinter den Einstein-Rosen-Brücken ist die Möglichkeit, Raum und Zeit durch eine röhrenartige Struktur zu verbinden, die es ermöglichen würde, von einem Ort im Raum zu einem anderen zu gelangen – und möglicherweise auch zu einer anderen Zeit. Diese Brücken könnten als Tunnel durch die Raumzeit betrachtet werden, die eine kürzere Reise zwischen zwei entfernten Punkten ermöglichen würden. Diese Strukturen basieren auf den Gleichungen der Allgemeinen Relativitätstheorie und erfordern die Anwesenheit von exotischer Materie, um die Krümmung der Raumzeit aufrechtzuerhalten.

Das Kapitel beleuchtet die theoretischen Grundlagen von Einstein-Rosen-Brücken genauer. Es erklärt, wie diese Brücken durch die Verbindung zweier Schwarzer Löcher oder anderer massereicher Objekte entstehen könnten. Wenn diese Objekte genügend Masse und Energie aufweisen, könnten sie eine Verbindung zwischen sich schaffen und eine Art "Wurmloch" erzeugen. Diese Idee verdeutlicht, wie sehr die Gravitation das Gewebe von Raum und Zeit beeinflussen kann und wie sich diese Beeinflussung in der Vorstellung von Raumzeitkrümmung und Verzerrung äußert.

Ein interessanter Aspekt von Einstein-Rosen-Brücken ist die Frage nach ihrer Stabilität und Traversierbarkeit. Da diese Strukturen von exotischer Materie abhängen, die bisher nicht nachgewiesen wurde, bleibt unklar, ob solche Brücken tatsächlich stabil gehalten werden könnten. Die theoretischen Überlegungen zur Stabilität von

Einstein-Rosen-Brücken sind komplex und werfen viele offene Fragen auf.

Ein weiteres bedeutendes Thema ist die Verbindung zwischen Einstein-Rosen-Brücken und Zeitreisen. Obwohl die Idee, von einem Ende der Brücke zum anderen zu reisen, theoretisch eine Veränderung der Zeit ermöglichen könnte, wirft dies immensen physikalischen und philosophischen Herausforderungen auf. Die Frage nach der Vereinbarkeit von Zeitreisen durch Einstein-Rosen-Brücken mit den Prinzipien der Kausalität und der Erhaltung von Ursache und Wirkung ist nach wie vor eine offene Frage.

Das Kapitel untersucht auch die Verbindung von Einstein-Rosen-Brücken zu Schwarzen Löchern. Die Vorstellung, dass ein Wurmloch zwischen zwei Schwarzen Löchern existieren könnte, führt zu vielen interessanten Gedankenexperimenten und Rechnungen. Dies verdeutlicht die enge Beziehung zwischen diesen beiden konzeptionell herausfordernden Aspekten der modernen Physik.

Die Diskussion über Einstein-Rosen-Brücken verdeutlicht, wie tiefgreifend und komplex die Implikationen dieser Raumzeitstrukturen sind. Diese Überlegungen betreffen nicht nur die physikalischen Aspekte von Raum, Zeit und Gravitation, sondern werfen auch grundlegende Fragen über die Struktur des Universums, die Natur von Schwarzen Löchern und die Möglichkeiten von Raum-Zeit-Reisen auf. Das Kapitel betont die Tiefe der Thematik und wie sie unser Verständnis von Raum, Zeit und der Natur der Gravitation auf eine aufregende und anspruchsvolle Weise erweitert.

5.4 Stabilität und Durchquerbarkeit von Wurmlöchern
Das Kapitel, "Stabilität und Durchquerbarkeit von Wurmlöchern", vertieft das Verständnis der grundlegenden Aspekte von Wurmlöchern und widmet sich den komplexen Fragen ihrer Stabilität und der Möglichkeit der Durchquerung. Wurmlöcher sind eine der faszinierendsten Konzepte der theoretischen Physik und

haben das Potenzial, Raum-Zeit-Reisen zu ermöglichen. Doch ihre Eigenschaften und ihre Machbarkeit werfen viele offene Fragen auf.

Ein zentrales Thema dieses Kapitels ist die Stabilität von Wurmlöchern. Die Anwesenheit von exotischer Materie mit negativer Energiedichte ist erforderlich, um die Krümmung der Raumzeit im Wurmloch aufrechtzuerhalten und es vor dem Zusammenstürzen zu bewahren. Die Eigenschaften dieser exotischen Materie sind jedoch bislang unklar, und es gibt viele theoretische Unsicherheiten. Forscher haben Modelle entwickelt, die versuchen, die Eigenschaften und das Verhalten von exotischer Materie zu beschreiben, doch es fehlen experimentelle Bestätigungen.

Die Diskussion über die Stabilität von Wurmlöchern führt zu Überlegungen über die Möglichkeit der Durchquerung. Selbst wenn es gelänge, ein stabiles Wurmloch zu erzeugen, ergeben sich viele technische Herausforderungen bei der Passage durch dieses Gebilde. Eine entscheidende Frage ist, wie sich der Akt des Eintretens und Verlassens des Wurmlochs auf die Struktur selbst auswirkt. Die extremen Raumzeitkrümmungen könnten zu gravierenden Zeitdilatationen führen, die die Reisezeit beeinflussen und möglicherweise zu Paradoxien führen könnten.

Ein weiterer Aspekt ist die Möglichkeit von Zeitschleifen und kausalen Schließungen. Wenn ein Wurmloch in die Vergangenheit führen würde, besteht die Möglichkeit, dass Ereignisse in einer Weise beeinflusst werden könnten, die zu logischen Inkonsistenzen führt. Das berühmte Großvaterparadoxon ist ein Beispiel dafür – die Frage, was passieren würde, wenn man durch ein Wurmloch reist und Ereignisse beeinflusst, die zur Verhinderung der eigenen Geburt führen würden. Die Debatte darüber, wie solche Paradoxien aufgelöst werden könnten, ist nach wie vor aktuell und kontrovers.

Die Diskussion über die Durchquerbarkeit von Wurmlöchern wirft auch die Frage nach der benötigten Energie auf. Ein stabiles Wurmloch könnte enorme Energiemengen erfordern, um es offen zu halten und die Krümmung der Raumzeit aufrechtzuerhalten. Die Vorstellung, wie solche Energien erzeugt oder kontrolliert werden könnten, ist eine technische Herausforderung, die mit den derzeitigen physikalischen Erkenntnissen nicht einfach zu lösen ist.

Das Kapitel beleuchtet auch die Möglichkeit von Reisen durch nicht-traversierbare Wurmlöcher. Diese Wurmlöcher könnten zwar theoretisch existieren, wären jedoch für die Reise unzugänglich oder instabil. Diese Überlegungen führen zu interessanten Fragen über die Bedeutung und die Eigenschaften von Wurmlöchern, die zwar existieren könnten, aber nicht notwendigerweise für die Raum-Zeit-Manipulation geeignet wären.

Zusammenfassend verdeutlicht das Kapitel "Stabilität und Durchquerbarkeit von Wurmlöchern" die vielen Unsicherheiten, Herausforderungen und offenen Fragen im Zusammenhang mit dieser faszinierenden Idee. Die Diskussion über die Stabilität von exotischer Materie, die technische Machbarkeit der Passage durch Wurmlöcher und die möglichen Paradoxien von Zeitreisen betont die Komplexität dieses Themas. Wurmlöcher sind nicht nur theoretisch, sondern auch technisch und philosophisch anspruchsvoll, und ihre Erforschung erfordert ein tiefes Verständnis von Raumzeit, Gravitation und den Grenzen der Physik.

5.5 Die Herausforderungen bei der Suche nach exotischer Materie

Das Kapitel, "Die Herausforderungen bei der Suche nach exotischer Materie", widmet sich einer der zentralen Fragen im Kontext von Wurmlöchern und Raum-Zeit-Reisen: der Existenz und Natur der exotischen Materie. Exotische Materie ist eine hypothetische Form von Materie mit negativer Energiedichte, die in der Theorie erforderlich ist, um die Krümmung der Raumzeit in einem stabilen Wurmloch aufrechtzuerhalten. Die Suche nach exotischer Materie wirft jedoch zahlreiche Herausforderungen auf, die das Verständnis der Grundlagen der Physik und unsere technologischen Fähigkeiten in Frage stellen.

Ein zentrales Problem besteht darin, dass exotische Materie bisher weder in Experimenten noch in Beobachtungen nachgewiesen wurde. Die Existenz von Materie mit negativer Energiedichte steht im Widerspruch zu den gängigen physikalischen Theorien und unseren bisherigen Beobachtungen des Universums. Die Suche nach exotischer Materie erfordert daher ein tiefes Verständnis der fundamentalen physikalischen Gesetze und möglicherweise auch die Weiterentwicklung unserer Theorien.

Eine mögliche Quelle für exotische Materie könnte die Quantenfeldtheorie sein. In einigen Quantenfeldtheorien werden Vakuumfluktuationen diskutiert, die kurzlebige Partikel-Antipartikel-Paare erzeugen könnten. Einige theoretische Ansätze legen nahe, dass diese Fluktuationen möglicherweise eine negative Energiedichte erzeugen könnten, die zur Erhaltung eines Wurmlochs beitragen könnte. Die Schwierigkeit besteht jedoch darin, diese Fluktuationen zu stabilisieren und in ausreichender Menge zu erzeugen.

Eine andere Möglichkeit wäre die Manipulation von exotischer Materie durch fortschrittliche Technologien. Sollte es gelingen, exotische Materie in ausreichender Menge herzustellen oder zu kontrollieren, könnte dies die Grundlage für die Schaffung und Stabilisierung von Wurmlöchern sein. Diese Idee wirft jedoch wiederum viele technische und theoretische Fragen auf, da wir derzeit nur begrenzte Kenntnisse über die Natur und Eigenschaften von exotischer Materie haben.

Eine bedeutende Herausforderung besteht auch darin, die Wechselwirkungen von exotischer Materie mit anderen Formen von Materie zu verstehen. Da exotische Materie eine exotische Energiebeschaffenheit aufweisen würde, könnte sie sich in unerwarteter Weise auf andere physikalische Phänomene auswirken. Die Wechselwirkungen von exotischer Materie mit Gravitation, Elektromagnetismus und anderen fundamentalen Kräften müssen sorgfältig erforscht werden, um die möglichen Konsequenzen für Wurmlöcher und Raumzeit zu verstehen.

Die Suche nach exotischer Materie wirft auch ethische und philosophische Fragen auf. Wenn es möglich wäre, exotische Materie zu erzeugen oder zu kontrollieren, stellt sich die Frage nach den möglichen Risiken und Auswirkungen. Die Manipulation von Materie mit negativer Energiedichte könnte unbekannte Nebenwirkungen haben, die unser Verständnis von Raumzeit und Materie verändern könnten.

Zusammenfassend verdeutlicht das Kapitel "Die Herausforderungen bei der Suche nach exotischer Materie" die komplexen und vielschichtigen Aspekte dieses Themas. Die Diskussion über exotische Materie wirft grundlegende Fragen über die Natur der Materie, die Grundlagen der Physik und die Möglichkeiten von Raum-Zeit-Reisen auf. Die Herausforderungen bei der Suche nach dieser hypothetischen Materie betonen die Grenzen unseres derzeitigen Wissens und unserer Technologie und erfordern ein interdisziplinäres Verständnis von Physik, Quantenmechanik, Gravitation und möglicherweise sogar Quantenfeldtheorien.

5.6 Exotische Materie und negative Energie: Konzepte und Theorien

Das Kapitel, "Exotische Materie und negative Energie: Konzepte und Theorien", vertieft das Verständnis für die fundamentalen Ideen hinter exotischer Materie und negativer Energie, die für das Verständnis von Wurmlöchern und Raum-Zeit-Reisen von zentraler Bedeutung sind. Diese Konzepte stellen einen radikalen Bruch mit unserer alltäglichen Erfahrung und unserem herkömmlichen Verständnis von Materie dar, und ihre theoretische Erforschung wirft viele interessante Fragen und Hypothesen auf.

Der Begriff "exotische Materie" bezieht sich auf Materie, die eine negative Energiedichte aufweist. Dies steht im starken Kontrast zur gewöhnlichen Materie, die eine positive Energiedichte besitzt. Diese negative Energie könnte dazu verwendet werden, die Raumzeit in der Umgebung eines Wurmlochs zu krümmen und es offen zu halten. Diese Idee basiert auf den Gleichungen der Allgemeinen Relativitätstheorie, die zeigen, dass die Anwesenheit von negativer Energie und Materie die Krümmung der Raumzeit in einer Weise beeinflussen könnte, die der Schaffung eines Wurmlochs förderlich ist.

Ein bedeutender Aspekt dieses Kapitels ist die theoretische Erforschung der möglichen Quellen von exotischer Materie. Ein Ansatz besteht darin, auf Quantenfluktuationen im Vakuum zurückzugreifen. In einigen Quantenfeldtheorien werden kurzlebige virtuelle Teilchen-Antiteilchen-Paare erzeugt, die im Vakuum auftauchen und wieder verschwinden. Diese Fluktuationen könnten negative Energien erzeugen, die potenziell zur Stabilisierung von Wurmlöchern beitragen könnten. Allerdings bleiben die genauen Mechanismen und Wechselwirkungen dieser Fluktuationen komplex und erfordern weitere Forschung.

Ein weiterer Ansatz besteht darin, exotische Materie durch die Manipulation von Quantenzuständen zu erzeugen. Die Quantenmechanik erlaubt es, Materie in Zuständen mit negativer Energie zu versetzen, die potenziell zur Raumzeitkrümmung beitragen könnten. Diese Idee eröffnet neue Möglichkeiten für die kontrollierte Erzeugung von exotischer Materie, wirft aber auch Fragen nach den technologischen und theoretischen Herausforderungen auf.

Eine besonders faszinierende Theorie, die in diesem Kapitel diskutiert wird, ist die "Kompaktifizierung" von zusätzlichen Raumdimensionen. Einige Theorien der Stringtheorie und der Quantengravitation schlagen vor, dass unser Universum mehr als die drei räumlichen Dimensionen haben könnte, die wir wahrnehmen. Diese zusätzlichen Dimensionen könnten "kompaktifiziert" sein – das heißt, sie sind so klein und eng, dass sie für uns nicht direkt sichtbar sind. Einige Forscher spekulieren, dass die Krümmung und Geometrie dieser kompakten Dimensionen die Möglichkeit zur Erzeugung von exotischer Materie bieten könnten.

Die Diskussion über exotische Materie und negative Energie führt zu interessanten philosophischen Überlegungen. Die Idee, dass Materie eine negative Energiedichte haben kann, fordert unser herkömmliches Verständnis von Physik und Energie heraus. Sie wirft Fragen darüber auf, wie unsere physikalischen Theorien die grundlegenden Eigenschaften der Natur erfassen und ob es möglicherweise noch unentdeckte Gesetzmäßigkeiten gibt, die eine solche Materie ermöglichen könnten.

Zusammenfassend verdeutlicht das Kapitel "Exotische Materie und negative Energie: Konzepte und Theorien" die Tiefe und Komplexität dieser fundamentalen Ideen. Die Diskussion über exotische Materie wirft nicht nur Fragen über die Natur von Materie, Energie und Raumzeit auf, sondern betont auch die Grenzen unserer aktuellen physikalischen Theorien. Die verschiedenen theoretischen Ansätze zur Erzeugung und Nutzung von exotischer Materie verdeutlichen die Vielfalt der Ideen, die zur Erforschung dieses Themas beitragen können. Es bleibt jedoch eine der großen Herausforderungen der modernen Physik, die Existenz und Eigenschaften von exotischer Materie zu bestätigen und zu verstehen.

5.7 Die Quantenphysik der Materie-Manipulation
Das Kapitel, "Die Quantenphysik der Materie-Manipulation", widmet sich einem faszinierenden Aspekt im Zusammenhang mit Zeitreisen und Raum-Zeit-Manipulation: der Rolle der Quantenphysik bei der Manipulation von Materie und Energie. Die Quantenphysik, die das Verhalten von subatomaren Partikeln und ihren Wechselwirkungen beschreibt, hat tiefgreifende Auswirkungen auf unser Verständnis von Raumzeit und ermöglicht möglicherweise neue Wege zur Beeinflussung von Zeit und Raum.

Die Quantenphysik bringt einige erstaunliche Phänomene mit sich, darunter die Quantenverschränkung und die Unschärferelation. Die Quantenverschränkung beschreibt den Zustand, in dem zwei Teilchen derart miteinander verbunden sind, dass die Zustandsänderung eines Teilchens sofortige Auswirkungen auf das andere Teilchen hat, unabhängig von der Entfernung zwischen ihnen. Dieses Phänomen hat bereits Einfluss auf Technologien wie Quantenkommunikation und Quantenverschlüsselung. Einige Forscher spekulieren darüber, ob die Quantenverschränkung dazu verwendet werden könnte, Informationen über Raumzeitänderungen schneller als Licht zu übertragen, was potenziell für Raum-Zeit-Reisen von Bedeutung sein könnte.

Die Unschärferelation, ein weiteres zentrales Prinzip der Quantenphysik, besagt, dass es eine inhärente Grenze für die gleichzeitige Genauigkeit von Messungen gibt. Dies bedeutet, dass wir niemals gleichzeitig die genaue Position und den genauen Impuls eines Teilchens kennen können. Dieses Prinzip hat Auswirkungen auf unser Verständnis von Raum und Zeit, da es darauf hinweist, dass es eine inhärente Unschärfe in der Messung von Raumzeit-Parametern gibt. Einige Theorien spekulieren darüber, ob diese Unschärfe dazu verwendet werden könnte, subtile Manipulationen von Raumzeit-Parametern durchzuführen, die für Zeitreisen relevant sein könnten.

Ein weiteres interessantes Konzept in der Quantenphysik ist die Idee der "Quantenfluktuationen". Diese Fluktuationen beschreiben die kurzlebigen, zufälligen Zustandsänderungen von subatomaren Teilchen im Vakuum. Einige Theorien schlagen vor, dass diese Fluktuationen als Energiequelle für Raum-Zeit-Manipulation dienen könnten. Wenn es möglich wäre, diese Fluktuationen zu kontrollieren und zu verstärken, könnte dies potenziell zur Beeinflussung der Raumzeit führen und neue Möglichkeiten für Zeitreisen eröffnen.

Eine der aufregendsten Ideen in der Quantenphysik ist die Möglichkeit von "Quanten-Tunneling". Diese Idee basiert auf der Tatsache, dass subatomare Teilchen aufgrund ihrer Wellenart manchmal Barrieren durchdringen können, die nach den Gesetzen der klassischen Physik und der Allgemeinen Relativitätstheorie undurchdringlich wären. Einige Forscher spekulieren darüber, ob diese Idee auf makroskopische Objekte angewendet werden könnte, um Raum-Zeit-Reisen oder zumindest Raumzeit-Manipulationen zu ermöglichen.

Die Diskussion über die Quantenphysik der Materie-Manipulation wirft jedoch auch viele Herausforderungen auf. Die Quantenphysik operiert auf einer mikroskopischen Skala, und es ist unklar, ob die Prinzipien der Quantenphysik auf makroskopische Objekte übertragen werden können. Die Quantenverschränkung, Unschärferelation und Quantenfluktuationen sind Phänomene, die auf der subatomaren Ebene auftreten, und ihre Übertragung auf größere Skalen ist eine offene Frage.

Ein weiteres Problem ist die Kontrolle und Manipulation von Quantenzuständen. Die Quantenphysik erfordert oft extrem präzise Kontrolle und Isolation, um Quanteneffekte zu beobachten oder zu nutzen. Die Manipulation von Materie auf quantenphysikalischer Ebene erfordert daher hochentwickelte Technologien und Infrastrukturen, die derzeit noch in der Entwicklung sind.

Zusammenfassend verdeutlicht das Kapitel "Die Quantenphysik der Materie-Manipulation" die Verbindung zwischen der Quantenphysik und den Möglichkeiten der Raum-Zeit-Manipulation. Die Diskussion über Quantenverschränkung, Unschärferelation, Quanten-fluktuationen und Quanten-Tunneling wirft viele spannende Fragen über die Grundlagen der Materie und Raumzeit auf. Die Anwendung dieser quantenphysikalischen Konzepte auf Raum-Zeit-Manipulationen ist jedoch mit vielen technischen und theoretischen Herausforderungen verbunden, die noch erforscht werden müssen.

5.8 Wurmlöcher und Zeitreisen: Mathematische Modelle

Das Kapitel, "Wurmlöcher und Zeitreisen: Mathematische Modelle", widmet sich der mathematischen Modellierung von Wurmlöchern und deren potenzieller Nutzung für Zeitreisen. Wurmlöcher sind hypothetische Strukturen in der Raumzeit, die es ermöglichen könnten, von einem Ort im Universum zum anderen zu reisen oder sogar durch die Zeit zu reisen. Die mathematische Analyse von

Wurmlöchern wirft interessante Fragen auf und ermöglicht theoretische Einblicke in ihre möglichen Eigenschaften und Anwendungen.

Die mathematische Modellierung von Wurmlöchern basiert auf den Gleichungen der Allgemeinen Relativitätstheorie, die von Albert Einstein entwickelt wurden. Diese Gleichungen beschreiben, wie Materie und Energie die Krümmung der Raumzeit beeinflussen. In den Gleichungen können bestimmte Bedingungen erfüllt werden, um theoretisch die Existenz von Wurmlöchern zu ermöglichen. Diese Modelle erfordern oft exotische Materie mit negativer Energie, um die Stabilität des Wurmlochs aufrechtzuerhalten.

Ein wichtiger Aspekt bei der mathematischen Modellierung von Wurmlöchern ist die Frage der Stabilität. Ein instabiles Wurmloch würde kollabieren, bevor es von jemandem durchquert werden könnte. Daher müssen mathematische Modelle die Stabilität des Wurms überprüfen und sicherstellen, dass es lange genug offen bleibt, um eine Reise durch Raum oder Zeit zu ermöglichen. Dies erfordert eine genaue Analyse der Krümmung der Raumzeit und der Wechselwirkungen zwischen Materie und Energie.

Die mathematischen Modelle von Wurmlöchern führen oft zu komplexen Gleichungen, die schwer zu lösen sind. Einige dieser Modelle nutzen Techniken aus der Differentialgeometrie und der nichteuklidischen Geometrie, um die Eigenschaften von Wurmlöchern zu beschreiben. Diese Modelle bieten theoretische Einblicke in die Form und Geometrie von Wurmlöchern sowie in die Art und Weise, wie sie sich auf Raumzeit auswirken.

Ein besonders interessantes mathematisches Konzept im Zusammenhang mit Wurmlöchern ist das "Zeitreise-Paradoxon". Dieses Paradoxon beschäftigt sich mit der Frage, was passieren würde, wenn jemand durch ein Wurmloch reisen und in der Zeit zurückkehren würde, um seine eigene Vergangenheit zu verändern. Mathematische Modelle bieten mögliche Szenarien für solche

Zeitreisen, werfen jedoch auch viele Paradoxien und logische Widersprüche auf, die das Verständnis von Zeitreisen komplizieren.

Ein weiterer wichtiger Aspekt bei der mathematischen Modellierung von Wurmlöchern ist die Frage der Traversierbarkeit. Ein Wurmloch wäre nur dann nützlich für Raum-Zeit-Reisen, wenn es durchquert werden kann. Die mathematischen Modelle müssen daher untersuchen, ob es möglich wäre, ein Wurmloch sicher zu durchqueren, ohne dabei von enormen Kräften zerquetscht oder von Strahlung zerstört zu werden. Dies erfordert eine genaue Analyse der Raumzeitkrümmung und der Kräfte, die auf einen Reisenden wirken würden.

Die mathematischen Modelle von Wurmlöchern werfen jedoch auch viele Fragen auf, die bisher ungelöst sind. Einige Modelle führen zu Singularitäten oder unstetigen Raumzeitstrukturen, die noch nicht vollständig verstanden werden. Es ist auch unklar, ob es überhaupt möglich ist, exotische Materie mit negativer Energie zu erzeugen oder zu kontrollieren, wie es für die Stabilität von Wurmlöchern erforderlich wäre.

Zusammenfassend verdeutlicht das Kapitel "Wurmlöcher und Zeitreisen: Mathematische Modelle" die komplexe und faszinierende Natur der mathematischen Analyse von Wurmlöchern. Die mathematischen Modelle basieren auf den Gleichungen der Allgemeinen Relativitätstheorie und eröffnen theoretische Einblicke in die Möglichkeit von Raum-Zeit-Reisen. Die Fragen der Stabilität, Traversierbarkeit und Zeitreise-Paradoxa werfen jedoch auch viele Herausforderungen auf, die das Verständnis von Wurmlöchern und Zeitreisen komplex und multidisziplinär machen.

5.9 Raumzeitkrümmung und die Realisierbarkeit von Wurmlöchern

Das Kapitel, "Raumzeitkrümmung und die Realisierbarkeit von Wurmlöchern", widmet sich der zentralen Rolle der Raumzeitkrümmung bei der Bildung und Stabilität von Wurmlöchern sowie den realen Herausforderungen und Hindernissen, die bei der Schaffung von Wurmlöchern und der Durchführung von Zeitreisen auftreten können. Die Raumzeitkrümmung, ein grundlegendes Konzept der Allgemeinen Relativitätstheorie, ist von entscheidender Bedeutung, um das Potenzial und die Grenzen von Wurmlöchern zu verstehen.

Die Raumzeitkrümmung beschreibt, wie die Anwesenheit von Materie und Energie die Geometrie der Raumzeit beeinflusst. Massereiche Objekte wie Planeten, Sterne und Schwarze Löcher erzeugen eine Krümmung der Raumzeit um sich herum. Diese Krümmung ist verantwortlich für die Gravitationskraft, die auf andere Objekte wirkt. Wurmlöcher basieren auf der Idee, dass die Raumzeit so stark gekrümmt werden kann, dass sie sich zusammenfaltet und eine Verbindung zwischen weit entfernten Orten oder sogar Zeiten ermöglicht.

Die Realisierung von Wurmlöchern erfordert jedoch eine extrem starke Krümmung der Raumzeit, die sich von den natürlichen Krümmungen unterscheidet, die durch gewöhnliche Materie erzeugt werden. Die mathematischen Modelle von Wurmlöchern zeigen, dass die erforderliche Krümmung der Raumzeit oft durch die Anwesenheit von exotischer Materie mit negativer Energie erreicht werden könnte. Diese Materie ist jedoch hypothetisch und ihre Existenz und Stabilität sind noch ungelöste Fragen.

Ein wichtiger Aspekt im Zusammenhang mit der Raumzeit-krümmung und Wurmlöchern ist die "Einstein-Rosen-Brücke". Diese mathematische Konstruktion beschreibt, wie Raumzeit gekrümmt werden könnte, um eine Verbindung zwischen zwei entfernten Orten zu schaffen. Wenn diese Brücke stabilisiert werden könnte, würde sie die Möglichkeit bieten, von einem Ort zum anderen zu reisen, ohne die gewaltigen Entfernungen zwischen ihnen zu durchqueren. Diese Idee wirft jedoch viele technische und theoretische Fragen auf.

Ein weiteres Konzept im Zusammenhang mit der Raumzeit-krümmung und Wurmlöchern ist das "Alcubierre-Warp-Drive". Dieser theoretische Antriebsmechanismus wurde von Miguel Alcubierre vorgeschlagen und basiert auf der Idee, die Raumzeit vor einem Raumfahrzeug zu krümmen und sie hinter dem Fahrzeug zu expandieren. Dies würde das Raumfahrzeug auf einer sich krümmenden Raumzeit bewegen und ihm ermöglichen, große Entfernungen in kürzester Zeit zurückzulegen, ohne die Lichtgeschwindigkeit zu überschreiten. Allerdings stehen auch hier technologische Hürden im Weg, insbesondere die Notwendigkeit von exotischer Materie.

Die Raumzeitkrümmung spielt auch eine wichtige Rolle bei der Frage der Stabilität von Wurmlöchern. Die Krümmung der Raumzeit muss so gestaltet sein, dass das Wurmloch offen bleibt und nicht kollabiert. Mathematische Modelle zeigen, dass die Anwesenheit von exotischer Materie dazu beitragen könnte, die Stabilität des Wurms aufrechtzuerhalten. Allerdings ist die genaue Natur und Eigenschaften dieser Materie noch unbekannt.

Die Realisierbarkeit von Wurmlöchern und Zeitreisen steht vor vielen Herausforderungen. Die Raumzeitkrümmung erfordert immense Mengen an Energie und exotischer Materie, die derzeit nicht verfügbar oder nachgewiesen sind. Die technologischen Hürden, die erforderlich sind, um die Raumzeit zu krümmen und Wurmlöcher zu stabilisieren, sind enorm. Darüber hinaus werfen Wurmlöcher und Zeitreisen viele theoretische Fragen und Paradoxa auf, die das Verständnis der Physik und der Natur der Raumzeit herausfordern.

Zusammenfassend verdeutlicht das Kapitel "Raumzeitkrümmung und die Realisierbarkeit von Wurmlöchern" die komplexe Beziehung zwischen der Krümmung der Raumzeit und der Möglichkeit von Wurmlöchern. Die Raumzeitkrümmung ist ein fundamentales Konzept, das die Schaffung von Wurmlöchern und Zeitreisen ermöglichen könnte. Die Herausforderungen der exotischen Materie, der Energie und der technologischen Realisierung werfen jedoch viele Fragen darüber auf, ob Wurmlöcher jemals realisiert werden können und welche Auswirkungen sie auf unsere Vorstellung von Raum, Zeit und der Natur der Realität haben würden.

5.10 Wurmlöcher in der Science-Fiction: Portale und Porträts

Das Kapitel, "Wurmlöcher in der Science-Fiction: Portale und Porträts", widmet sich der Darstellung von Wurmlöchern in der Science-Fiction-Literatur, im Film und anderen kreativen Medien. Wurmlöcher haben schon lange die Fantasie der Menschen angeregt und sind zu einem zentralen Thema in der Populärkultur geworden. Diese Darstellungen reichen von wissenschaftlich fundierten Beschreibungen bis hin zu spekulativen und kreativen Interpretationen.

In der Science-Fiction-Literatur und in Filmen werden Wurmlöcher oft als "Portale" dargestellt, die es ermöglichen, von einem Ort zum anderen zu reisen, sei es im Universum oder durch die Zeit. Solche Portale können in verschiedenen Formen auftreten, wie zum Beispiel als Tunnel, Risse im Raum oder komplexe technologische Konstruktionen. Die Darstellung von Wurmlöchern in der Science-Fiction ist oft von visuellen Effekten begleitet, die die Vorstellung von Raumzeitverzerrungen und Dimensionssprüngen vermitteln.

Ein bekanntes Beispiel für die Darstellung von Wurmlöchern in der Science-Fiction ist die Fernsehserie "Stargate", in der ein außerirdisches Gerät als Portal zu anderen Welten dient. Die Serie zeigt, wie Menschen und Teams von Wissenschaftlern durch das Portal zu anderen Planeten reisen und Abenteuer erleben. Ähnlich dient auch das "Wurmloch" in der Serie "Deep Space Nine" aus dem "Star Trek"-Universum als schneller Weg zu anderen Teilen des Universums.

In der Literatur werden Wurmlöcher oft als narrative Elemente verwendet, um komplexe Handlungsstränge und unerwartete Wendungen zu ermöglichen. Ein Beispiel dafür ist der Roman "Contact" von Carl Sagan, der die Entdeckung eines Wurmlochs für die Kommunikation mit außerirdischer Intelligenz nutzt. Wurmlöcher bieten Autoren die Möglichkeit, wissenschaftliche Konzepte mit fesselnden Geschichten zu verknüpfen und die Grenzen der Realität zu erweitern.

Neben der Darstellung von Wurmlöchern als praktische Reisemittel in der Science-Fiction werden auch philosophische und metaphysische Fragen aufgeworfen. Ein häufiges Motiv ist das "Zeitreise-Paradoxon", das sich ergibt, wenn Charaktere durch ein Wurmloch reisen und versuchen, die Vergangenheit zu verändern. Dies führt zu komplexen ethischen, moralischen und existenziellen Fragen über Schicksal, Identität und die Natur der Zeit.

Wurmlöcher dienen oft als metaphorische Elemente, um tiefere Themen zu erkunden. In der Science-Fiction können sie als Symbole für menschliche Neugier, Entdeckung und den Wunsch nach Erkenntnis interpretiert werden. Sie stellen auch die Vorstellung von Unbekanntem, von Möglichkeiten jenseits unserer normalen Erfahrung dar.

Die Darstellung von Wurmlöchern in der Science-Fiction wirft jedoch auch kritische Fragen auf. Oft werden wissenschaftliche Konzepte und Prinzipien zugunsten dramatischer Effekte oder Handlungsstränge verändert oder verzerrt. Dies kann dazu führen, dass falsche Vorstellungen über Wissenschaft und Raumzeitverzerrungen entstehen. Auf der anderen Seite kann die Science-Fiction auch dazu beitragen, das Interesse an wissenschaftlichen Themen zu wecken und eine breitere Diskussion über Raumzeit und Zeitreisen anzuregen.

Zusammenfassend verdeutlicht das Kapitel "Wurmlöcher in der Science-Fiction: Portale und Porträts" die vielfältige und kreative Darstellung von Wurmlöchern in der Populärkultur. Die Science-Fiction nutzt Wurmlöcher als faszinierende narrative Werkzeuge, um Fragen der Raumzeit, der Reise und der philosophischen Implikationen zu erkunden. Während einige Darstellungen wissenschaftlich fundiert sind, neigen andere dazu, spekulativere und fantasievollere Interpretationen zu bieten. Die Science-Fiction trägt dazu bei, die Faszination für Wurmlöcher und die Möglichkeit von Raum-Zeit-Reisen in der breiten Öffentlichkeit zu fördern und bietet Raum für kreative Reflexionen über die Grenzen der Realität.

Kapitel 6: Quantenmechanik und Zeitreisen

6.1 Quantenverschränkung und Fernwirkung

Das Kapitel, "Quantenverschränkung und Fernwirkung", widmet sich einem faszinierenden und oft rätselhaften Aspekt der Quantenmechanik: der Quantenverschränkung und der damit verbundenen Fernwirkung. Diese Phänomene werfen nicht nur fundamentale Fragen zur Natur der Realität auf, sondern könnten auch eine potenzielle Rolle in der Theorie und Umsetzung von Zeitreisen spielen.

Die Quantenverschränkung ist ein Zustand, in dem zwei oder mehr Teilchen auf eine Weise miteinander verbunden sind, dass die Eigenschaften eines Teilchens unmittelbar von den Eigenschaften des anderen Teilchens abhängen, unabhängig von der Entfernung zwischen ihnen. Dieser Zustand wurde von Albert Einstein, Boris Podolsky und Nathan Rosen in einem Gedankenexperiment als "spukhafte Fernwirkung" bezeichnet, da er auf den ersten Blick im Widerspruch zur klassischen Physik zu stehen scheint.

Ein berühmtes Beispiel für die Quantenverschränkung ist das Experiment mit verschränkten Elektronen, bei dem die Spin-Ausrichtung zweier Elektronen gemessen wird. Wenn die Spin-Ausrichtung eines Elektrons gemessen wird, bestimmt dies sofort die Spin-Ausrichtung des anderen Elektrons, selbst wenn sie weit voneinander entfernt sind. Diese Korrelation geschieht scheinbar schneller als das Licht, was Einsteins Prinzip der Lokalität zu widersprechen scheint.

Die Fernwirkung in der Quantenverschränkung führt zu interessanten philosophischen und theoretischen Fragen. Zum Beispiel wirft sie die Frage auf, ob Informationen und Effekte mit Überlichtgeschwindigkeit übertragen werden können oder ob es eine tiefere, bisher unverstandene Verbindung zwischen den verschränkten Teilchen gibt. Die Quantenverschränkung stellt auch die Idee von Kausalität und Determinismus in Frage, da die

Messung eines Teilchens sofortige Auswirkungen auf ein anderes haben kann, unabhängig von der räumlichen Trennung.

Die Quantenverschränkung hat auch das Interesse von Forschern geweckt, die Möglichkeiten für die Verwendung in der Kommunikation und sogar in der Quantencomputertechnologie erkunden. In Bezug auf Zeitreisen sind jedoch auch spekulative Ideen aufgetaucht. Einige Theorien legen nahe, dass die Quantenverschränkung möglicherweise eine Verbindung zwischen verschiedenen Zeitpunkten herstellen könnte, wodurch Informationen oder Effekte in die Vergangenheit oder Zukunft übertragen werden könnten. Diese Ideen sind jedoch äußerst kontrovers und weit von einer praktischen Umsetzung entfernt.

Ein weiterer interessanter Aspekt der Quantenverschränkung ist die Vorstellung von "spukhaften Fernwirkungen" über größere Entfernungen. Während Experimente zur Quantenverschränkung normalerweise in einem kontrollierten Laborumfeld stattfinden, haben einige Forschungen darauf hingewiesen, dass Quantenverschränkung möglicherweise über größere Distanzen in der Natur vorkommt. Dies wirft die Möglichkeit auf, dass eine Form von Fernwirkung in der Raumzeit existiert, die bisher unentdeckt geblieben ist.

Ein konzeptioneller Zusammenhang zwischen Quanten- verschränkung und Zeitreisen wurde auch im Rahmen von "closed timelike curves" (CTCs) untersucht. CTCs sind hypothetische Strukturen in der Raumzeit, die es einem Objekt ermöglichen könnten, in die eigene Vergangenheit zu reisen. Einige Theorien schlagen vor, dass Quantenverschränkung in Verbindung mit CTCs möglicherweise zu konsistenten Zeitschleifen führen könnte, bei denen Informationen von einem verschränkten Zustand in der Zukunft in die Vergangenheit zurückfließen könnten. Dies ist jedoch ein äußerst kontroverses Thema, das viele Paradoxa und Fragen aufwirft.

Zusammenfassend verdeutlicht das Kapitel „Quanten-verschränkung und Fernwirkung" die faszinierenden und oft mysteriösen Aspekte der Quantenmechanik. Die Quantenverschränkung und die damit verbundene Fernwirkung werfen nicht nur Fragen zur Natur der Realität auf, sondern könnten auch eine Rolle in der Diskussion über Zeitreisen und ihre theoretische Machbarkeit spielen. Obwohl einige Theorien spekulative Verbindungen zwischen Quantenverschränkung und Zeitreisen vorschlagen, bleibt dieses Gebiet weiterhin eines der am meisten erforschten und unverstandenen in der modernen Physik.

6.2 Teleportation: Quantenphysikalische Annäherung an Zeitreisen

Das Kapitel, "Teleportation: Quantenphysikalische Annäherung an Zeitreisen", widmet sich einem faszinierenden Konzept, das in der Science-Fiction oft als eine Form der schnellen Reise oder sogar der Zeitreise dargestellt wird: die Quantenteleportation. Obwohl die Quantenteleportation nicht im traditionellen Sinne Zeitreisen ermöglicht, stellt sie dennoch eine bemerkenswerte Verbindung zwischen quantenphysikalischen Phänomenen und der Übertragung von Information über Raum und Zeit dar.

Die Quantenteleportation ist ein Prozess, bei dem der Zustand eines Teilchens von einem Ort zum anderen übertragen wird, ohne dass das Teilchen selbst physisch zwischen den Orten reisen muss. Dieses Phänomen wurde erstmals 1993 von Physikern wie Charles Bennett und anderen vorgeschlagen und später experimentell bestätigt. Die Quantenteleportation basiert auf dem Prinzip der Quantenverschränkung, das bereits im vorherigen Kapitel diskutiert wurde.

Der Prozess der Quantenteleportation erfolgt in drei Schritten: Vorbereitung, Messung und Übertragung. Zwei Teilchen werden zuerst verschränkt, so dass ihre Zustände miteinander verbunden sind. Eines dieser Teilchen, das als "Sender" fungiert, wird in einen bestimmten quantenmechanischen Zustand gebracht, den man teleportieren möchte. Ein anderes Teilchen, das als "Empfänger" dient, wird in einem verschränkten Zustand zurückgelassen.

Durch die Messung des Senderteilchens werden Informationen über den Zustand des Teilchens erfasst. Diese Informationen werden dann über eine klassische Kommunikationsverbindung an den Empfängerteilchen übertragen. Basierend auf den erhaltenen Informationen wird der Empfängerteilchen in einen Zustand gebracht, der dem ursprünglichen Zustand des Senderteilchens entspricht. Es ist wichtig zu betonen, dass die Quantenteleportation keine physische Bewegung von Materie beinhaltet, sondern vielmehr die Übertragung von quantenmechanischen Zuständen.

Obwohl die Quantenteleportation auf den ersten Blick wie Science-Fiction klingt, ist sie eine real existierende Technologie, die in Laboren experimentell durchgeführt wurde. Zum Beispiel wurden einzelne Lichtteilchen (Photonen) erfolgreich teleportiert. Dies hat wichtige Implikationen für die Quantenkommunikation und die Entwicklung von Quantencomputern, da die Quantenteleportation eine Möglichkeit bietet, quantenmechanische Zustände über lange Distanzen zu übertragen, ohne dass die Herausforderungen der Überlichtgeschwindigkeit überwunden werden müssen.

Im Kontext von Zeitreisen ist es jedoch wichtig zu betonen, dass die Quantenteleportation nicht im traditionellen Sinne eine Zeitreise ermöglicht. Sie überträgt keine Materie oder Information durch die Zeit. Stattdessen zeigt die Quantenteleportation die seltsamen und oft unverstandenen Aspekte der Quantenphysik auf und wie sie die Art und Weise beeinflussen können, wie wir Information übertragen und speichern.

Dennoch gibt es einige spekulative Ideen, die Quantenteleportation mit Zeitreisen in Verbindung bringen. Einige Theorien postulieren, dass die Quantenteleportation möglicherweise verwendet werden könnte, um in die Vergangenheit zu reisen, indem Informationen über quantenverschränkte Zustände gesendet werden. Diese Ideen sind jedoch hoch spekulativ und widersprechen bisherigen physikalischen Theorien und Prinzipien.

Zusammenfassend verdeutlicht das Kapitel "Teleportation: Quantenphysikalische Annäherung an Zeitreisen" die faszinierende Verbindung zwischen Quantenverschränkung und der Möglichkeit, quantenmechanische Zustände über Raum zu übertragen. Die Quantenteleportation ist ein bemerkenswertes Beispiel für die seltsame Natur der Quantenphysik und ihre Anwendungen in der Technologie. Obwohl sie keine direkte Zeitreise ermöglicht, zeigt sie dennoch, wie tiefgreifend die quantenmechanischen Prinzipien unser Verständnis von Raum, Zeit und Information beeinflussen können.

6.3 Zeitparadoxa in der Quantenwelt

Das Kapitel, "Zeitparadoxa in der Quantenwelt", untersucht die faszinierenden und oft verwirrenden Auswirkungen der Quantenmechanik auf die Idee von Zeit und Kausalität. Die Quantenphysik führt zu einer Welt, in der traditionelle Vorstellungen von Ursache und Wirkung in Frage gestellt werden und wo die Möglichkeit von Zeitparadoxa entsteht.

Ein zentrales Konzept in der Quantenmechanik ist die Idee der "Superposition", bei der Teilchen in mehreren Zuständen gleichzeitig existieren können. Dies bedeutet, dass ein Teilchen sich nicht in einem bestimmten Zustand befindet, sondern in einer Mischung von Zuständen, bis es gemessen wird. Diese Superposition tritt auf, wenn ein quantenmechanisches System nicht beobachtet oder gemessen wird.

Ein eng verwandtes Konzept ist die "Verschränkung", bei der zwei oder mehr Teilchen auf eine Weise miteinander verbunden sind, dass der Zustand eines Teilchens von den Eigenschaften des anderen Teilchens abhängt. Dies kann auch über große Entfernungen hinweg geschehen und führt zu dem sogenannten "spukhaften Fernwirkungseffekt", den Einstein als "spukhafte Fernwirkung" bezeichnete.

Die Kombination aus Superposition und Verschränkung wirft einige seltsame Möglichkeiten auf, die traditionelle Vorstellungen von Kausalität und Ursache-Wirkung-Beziehungen herausfordern. Ein Beispiel ist das "Verschränkte Teilchenparadoxon", bei dem zwei verschränkte Teilchen in unterschiedlichen Zuständen gemessen werden. Die Messung eines Teilchens bestimmt sofort den Zustand des anderen Teilchens, unabhängig von der Entfernung zwischen ihnen. Dies scheint auf den ersten Blick in Konflikt mit unserer Vorstellung von Lokalität und Ursache und Wirkung zu stehen.

Die Quantenmechanik eröffnet auch die Möglichkeit von "Quantenmechanischen Zeitparadoxa", bei denen die zeitliche Reihenfolge von Ereignissen verschwimmt. Ein Beispiel ist das "Aharonov-Bohm-Paradoxon", bei dem der magnetische Fluss durch eine Schleife die Phasenverschiebung von Elektronen beeinflusst, obwohl sie den Bereich mit dem magnetischen Feld nie betreten. Dies führt zu Fragen darüber, ob die Elektronen auf "zukünftige" Informationen reagieren.

Ein weiteres bekanntes Paradoxon ist das "Zeitparadoxon der Quantenmechanik". Dieses Paradoxon basiert auf der Idee, dass Quantenverschränkung möglicherweise Auswirkungen auf die Kausalität haben könnte. Ein verschränktes System könnte verwendet werden, um eine Zeitreise in die Vergangenheit zu simulieren, indem man ein Teilchen in einen Superpositionszustand versetzt und dann eine Messung an seinem verschränkten Partnerteilchen durchführt. Dies könnte zu einer Situation führen, in der eine Messung in der Gegenwart die Vergangenheit beeinflusst, was zu scheinbar widersprüchlichen Ereignissen führen könnte.

Allerdings bleibt zu beachten, dass viele dieser Paradoxa kontroverse und spekulative Aspekte der Quantenmechanik sind. Die Quantenphysik beschreibt zwar erfolgreich das Verhalten von Teilchen auf mikroskopischer Ebene, aber ihre Auswirkungen und Anwendungen auf makroskopische und alltägliche Erfahrungen sind nach wie vor Gegenstand intensiver Debatten.

In Bezug auf Zeitreisen und Zeitparadoxa ist es wichtig zu erkennen, dass die Quantenmechanik neue und tiefgreifende Fragen aufwirft, die unser Verständnis von Raum, Zeit und Kausalität in Frage stellen können. Einige dieser Konzepte können als Erklärungsansätze für bestimmte Zeitparadoxa in der klassischen Physik dienen. Dennoch bleiben viele dieser Ideen spekulativ und erfordern weitere Forschung, um ihre Relevanz und Anwendbarkeit zu klären.

Zusammenfassend verdeutlicht das Kapitel "Zeitparadoxa in der Quantenwelt" die erstaunlichen und herausfordernden Auswirkungen der Quantenmechanik auf unser Konzept von Zeit und Kausalität. Die Kombination aus Superposition, Verschränkung und anderen quantenmechanischen Phänomenen führt zu möglichen Zeitparadoxa, die traditionelle Vorstellungen von Ursache und Wirkung in Frage stellen. Obwohl viele dieser Ideen kontrovers sind und weitere Forschung erfordern, bieten sie dennoch einen faszinierenden Einblick in die tiefgreifenden und oft unverstandenen Aspekte der Quantenwelt.

6.4 Quantencomputer und ihre Auswirkungen auf Zeitmanipulation

Das Kapitel, "Quantencomputer und ihre Auswirkungen auf Zeitmanipulation", widmet sich einem hochmodernen und faszinierenden Thema: der Entwicklung und den Auswirkungen von Quantencomputern auf das Verständnis von Zeit, Information und Manipulation. Quantencomputer sind eine aufstrebende Technologie, die auf den Prinzipien der Quantenmechanik basiert und das Potenzial hat, die Art und Weise, wie wir Berechnungen durchführen, fundamental zu verändern.

Im Gegensatz zu klassischen Computern, die auf Bits basieren (die entweder den Wert 0 oder 1 haben können), verwenden Quantencomputer "Qubits", die auf den Prinzipien der Quantenverschränkung und Superposition beruhen. Dies ermöglicht es den Quantencomputern, eine Vielzahl von Zuständen gleichzeitig zu verarbeiten und potenziell komplexe Berechnungen wesentlich schneller durchzuführen als herkömmliche Computer.

Die Entwicklung von Quantencomputern hat auch Auswirkungen auf verschiedene Aspekte der Physik, darunter auch auf die Idee von Zeitreisen. Eines der bemerkenswertesten Konzepte ist die Idee der "Quantenzeitreisen". Wissenschaftler wie Seth Lloyd und anderen haben theoretisch untersucht, wie Quantencomputer möglicherweise in der Lage wären, Informationen über Vergangenheit oder Zukunft zu verarbeiten, indem sie sich auf Quantensysteme beziehen.

Ein interessanter Aspekt ist, dass Quantencomputer aufgrund ihrer Fähigkeit, viele Zustände gleichzeitig zu verarbeiten, theoretisch in der Lage wären, Berechnungen rückwärts in der Zeit durchzuführen. Dies wurde als "retrograde Kausalität" bezeichnet. Ein Quantencomputer könnte Informationen verwenden, die in der Zukunft oder Vergangenheit gespeichert sind, um eine aktuelle Berechnung zu beeinflussen. Dies wirft jedoch viele Fragen auf, darunter auch die Frage nach der Konsistenz von Zeitreisen und die Möglichkeit von Zeitparadoxa.

Es ist jedoch wichtig zu betonen, dass die Idee der Quantenzeitreisen hoch spekulativ ist und viele Herausforderungen und Unklarheiten aufweist. Zum einen gibt es noch keine funktionsfähigen Quantencomputer in der Größenordnung, die für solche Berechnungen erforderlich wären. Zum anderen sind die Konzepte von Zeitreisen und retrograder Kausalität in der klassischen Physik äußerst kontrovers und werfen viele theoretische und philosophische Fragen auf.

Die Auswirkungen von Quantencomputern auf Zeitmanipulation gehen jedoch über die Idee der Quantenzeitreisen hinaus. Quantencomputer könnten auch bei der Simulation komplexer physikalischer Systeme eine Rolle spielen, einschließlich der Simulation von Ereignissen in der Vergangenheit oder Zukunft. Dies könnte neue Einblicke in die Dynamik der Zeit und der physikalischen Prozesse bieten.

Ein weiteres relevantes Konzept in diesem Zusammenhang ist die Idee der "post-quantenmechanischen Zeitreisen". Während herkömmliche Quantencomputer auf den Prinzipien der Quantenmechanik basieren, könnten zukünftige Entwicklungen in der Physik zu neuen Konzepten führen, die über die aktuellen quantenmechanischen Theorien hinausgehen. Diese "post-quantenmechanischen" Theorien könnten potenziell neue Einblicke in die Möglichkeit von Zeitmanipulation bieten.

Es ist jedoch wichtig zu betonen, dass Quantencomputer und ihre Auswirkungen auf Zeitmanipulation nach wie vor ein Bereich intensiver Forschung und Spekulation sind. Die Entwicklung von Quantencomputern steht noch am Anfang, und ihre Fähigkeiten und Grenzen sind noch nicht vollständig verstanden. Die Verbindung zwischen Quantencomputern und Zeitmanipulation ist ein hochinteressantes Feld, das viele Fragen aufwirft und weitere Erkenntnisse erfordert.

Zusammenfassend verdeutlicht das Kapitel "Quantencomputer und ihre Auswirkungen auf Zeitmanipulation" die aufregenden Möglichkeiten und Herausforderungen, die durch die Entwicklung von Quantencomputern entstehen. Die Idee der Quantenzeitreisen und die Verbindung zwischen Quantencomputern und Zeitparadoxa werfen wichtige Fragen auf, die unser Verständnis von Raum, Zeit und Information erweitern könnten. Trotz der Spekulation und Unsicherheiten in diesem Bereich zeigt die Forschung zu Quantencomputern jedoch, wie tiefgreifend diese Technologie unsere Vorstellungen von Physik und Technologie verändern könnte.

6.5 Die Rolle der Beobachter in der Quantenmechanik

Das Kapitel, "Die Rolle der Beobachter in der Quantenmechanik", erkundet eine der grundlegenden und dennoch rätselhaften Aspekte der Quantenphysik: die Rolle des Beobachters und sein

Einfluss auf quantenmechanische Systeme. Dieses Thema ist von besonderer Bedeutung, da es tiefgreifende Fragen darüber aufwirft, wie unsere Wahrnehmung und Interaktion mit der Welt die Realität beeinflussen können.

In der klassischen Physik wird angenommen, dass ein Teilchen oder ein System einen objektiven Zustand hat, unabhängig davon, ob es beobachtet wird oder nicht. In der Quantenmechanik jedoch zeigt sich, dass Teilchen und Systeme in Zuständen der Superposition existieren können, bis sie gemessen oder beobachtet werden. Dieses Phänomen wird oft als "Kollaps der Wellenfunktion" bezeichnet, bei dem das quantenmechanische System von einer Mischung von Zuständen in einen bestimmten Zustand übergeht, wenn es gemessen wird.

Ein berühmtes Experiment, das die Rolle des Beobachters hervorhebt, ist das Doppelspalt-Experiment. In diesem Experiment zeigt ein einzelnes Photon oder Elektron ein Wellen-Partikel-Dualverhalten, wenn es durch einen Doppelspalt geschossen wird. Wenn das Photon nicht beobachtet wird, zeigt es ein Interferenzmuster, das typisch für Wellen ist. Wenn es jedoch beobachtet wird, verhält es sich wie ein einzelnes Partikel und zeigt kein Interferenzmuster mehr. Dies wirft die Frage auf, ob die Beobachtung selbst das Verhalten des Teilchens beeinflusst.

Die Interpretationen dieses Phänomens variieren. Einige Interpretationen, wie die Kopenhagener Interpretation, argumentieren, dass die Beobachtung den Kollaps der Wellenfunktion verursacht und somit die Eigenschaften des Teilchens bestimmt. Andere Interpretationen, wie die Many-Worlds-Interpretation, schlagen vor, dass alle möglichen Zustände tatsächlich gleichzeitig existieren und dass die Beobachtung lediglich dazu führt, dass sich der Beobachter auf einen bestimmten Pfad beschränkt.

Die Rolle des Beobachters wird auch im Zusammenhang mit dem "Messproblem" der Quantenmechanik diskutiert. Dieses Problem fragt danach, wie und warum die Wellenfunktion eines Systems kollabiert, wenn es gemessen wird. Es gibt verschiedene Hypothesen, die dieses Problem angehen, aber es bleibt eines der am meisten diskutierten und kontroversen Themen in der Quantenphysik.

Ein weiterer wichtiger Aspekt der Beobachterrolle ist die Idee der "Quantenverschränkung". Wenn zwei Teilchen verschränkt sind, sind ihre Zustände miteinander verbunden, unabhängig von der Entfernung zwischen ihnen. Einige Theorien argumentieren, dass die Verschränkung von Teilchen dazu führt, dass die Information über den Zustand eines Teilchens nicht lokal in diesem Teilchen existiert, sondern in der "globalen Verschränkung" des Systems. Dies wirft die Frage auf, ob die Information über einen Zustand wirklich existiert, wenn sie nicht von einem Beobachter gemessen oder wahrgenommen wird.

Die Rolle des Beobachters in der Quantenmechanik hat auch Auswirkungen auf die philosophischen Fragen über die Natur der Realität. Einige Interpretationen der Quantenphysik argumentieren, dass die Beobachtung selbst die Realität beeinflusst und dass es keine objektive Realität unabhängig von der Beobachtung gibt. Dies hat weitreichende Implikationen für das Verständnis von Wirklichkeit und Erkenntnis.

In Bezug auf Zeitreisen wirft die Rolle des Beobachters wichtige Fragen auf. Wenn die Beobachtung eines Systems seinen Zustand beeinflusst, könnte dies bedeuten, dass die Akt der Beobachtung selbst in die Vergangenheit reicht und somit das Prinzip der Kausalität in Frage stellt. Einige spekulative Theorien postulieren sogar, dass zukünftige Beobachtungen in der Gegenwart Auswirkungen auf die Vergangenheit haben könnten, was zu weiteren Paradoxa und Kontroversen führt.

Zusammenfassend verdeutlicht das Kapitel "Die Rolle der Beobachter in der Quantenmechanik" die komplexe und oft rätselhafte Beziehung zwischen Beobachtern, quantenmechanischen Systemen und der Realität. Die Diskussion über die Beobachterrolle wirft fundamentale Fragen über die Natur der Wirklichkeit, den Einfluss des Bewusstseins auf die Quantenwelt und die Möglichkeit von Zeitparadoxa auf. Die Interpretationen und Debatten zu diesem Thema zeigen, wie tiefgehend und vielschichtig die Quantenmechanik unsere Vorstellungen von Raum, Zeit und Realität herausfordert.

6.6 Die Verschränkung von Zeit und Quantenzuständen

Das Kapitel, "Die Verschränkung von Zeit und Quantenzuständen", widmet sich einem hochkomplexen und faszinierenden Thema, das sich an der Schnittstelle von Quantenmechanik und Zeitreisen befindet. Dieses Kapitel erforscht die Idee, dass Quantenzustände nicht nur im Raum, sondern auch in der Zeit verschränkt sein könnten, und beleuchtet die theoretischen Konzepte sowie die Auswirkungen dieser Vorstellung.

Die Quantenverschränkung, bei der der Zustand eines Teilchens von einem anderen räumlich getrennten Teilchen beeinflusst wird, ist eines der faszinierendsten und rätselhaftesten Phänomene der Quantenmechanik. Diese Verschränkung ist bisher hauptsächlich als räumliches Phänomen betrachtet worden, aber einige Theorien und Hypothesen weisen darauf hin, dass Verschränkungen auch über die Zeit hinweg existieren könnten.

Die Idee der "zeitlichen Verschränkung" besagt, dass der Zustand eines Teilchens in der Vergangenheit oder Zukunft durch den Zustand eines anderen Teilchens in der Gegenwart beeinflusst werden könnte. Dieses Konzept stellt eine Erweiterung der klassischen Verschränkung dar und wirft wichtige Fragen auf: Könnte es möglich sein, dass Quantenzustände nicht nur in der räumlichen Dimension, sondern auch in der zeitlichen Dimension miteinander verbunden sind? Und falls ja, welche Auswirkungen hätte dies auf unser Verständnis von Kausalität und Zeitreisen?

In diesem Kontext ist es wichtig, auf die Theorie der "retrograden Beeinflussung" einzugehen. Diese Theorie postuliert, dass zukünftige Ereignisse den Zustand der Gegenwart beeinflussen könnten. Das heißt, die Entscheidungen und Beobachtungen, die wir jetzt treffen, könnten tatsächlich von zukünftigen Ereignissen abhängig sein. Dieses Konzept wirft erhebliche Fragen zur Kausalität und zur Unabhängigkeit von Ereignissen auf und hat auch Auswirkungen auf die Möglichkeit von Zeitparadoxa.

Ein weiteres interessantes Konzept ist die Idee der „Quantenteleportation in der Zeit". Ähnlich der Quantenteleportation, bei der der Zustand eines Teilchens auf ein anderes Teilchen übertragen wird, könnte es theoretisch möglich sein, den Zustand eines Teilchens in der Vergangenheit oder Zukunft zu teleportieren. Dieses Konzept basiert auf der Idee, dass Verschränkungen nicht nur räumlich, sondern auch zeitlich existieren könnten.

Es ist jedoch wichtig zu betonen, dass die Idee der zeitlichen Verschränkung und der Quantenteleportation in der Zeit hoch spekulativ und theoretisch komplex ist. Die Quantenmechanik selbst wirft bereits viele Herausforderungen und Fragen auf, und die Erweiterung dieser Konzepte auf die zeitliche Dimension erhöht die Komplexität und Unsicherheit. Es gibt derzeit keine experimentellen Beweise für diese Ideen, und ihre praktische Umsetzbarkeit ist unklar.

Die Untersuchung der Verschränkung von Zeit und Quantenzuständen hat auch Auswirkungen auf die Diskussion über Zeitreisen und Kausalität. Wenn Quantenzustände über die Zeit hinweg verschränkt sein könnten, könnte dies bedeuten, dass Ereignisse in der Vergangenheit oder Zukunft den Zustand eines Systems in der Gegenwart beeinflussen könnten. Dies wiederum wirft die Frage auf, ob die Ursache-Wirkung-Beziehung in der Quantenwelt anders funktioniert als in der klassischen Physik.

Ein weiteres interessantes Szenario ist die Möglichkeit von "Zeitreisen durch Quantenverschränkung". Diese Theorie besagt, dass Quantenzustände zwischen zwei räumlich getrennten Partnern so manipuliert werden könnten, dass sie in der Zeit verschränkt sind. Dies könnte theoretisch dazu führen, dass der Zustand eines Teilchens in der Gegenwart von seinem verschränkten Partner in der Zukunft beeinflusst wird.

Zusammenfassend verdeutlicht das Kapitel "Die Verschränkung von Zeit und Quantenzuständen" die tiefgreifenden Fragen und Spekulationen im Bereich der zeitlichen Verschränkung. Die Idee, dass Quantenzustände nicht nur räumlich, sondern auch zeitlich miteinander verbunden sein könnten, wirft grundlegende Fragen über die Natur von Raum, Zeit und Realität auf. Trotz der theoretischen Komplexität und der fehlenden experimentellen Beweise zeigen diese Überlegungen, wie die Quantenmechanik und ihre rätselhaften Phänomene weiterhin unser Verständnis von Zeit und Raum herausfordern.

6.7 Quantenphänomene und die Struktur der Raumzeit
Das Kapitel "Quantenphänomene und die Struktur der Raumzeit" beschäftigt sich mit den faszinierenden Verbindungen zwischen Quantenphänomenen und der grundlegenden Struktur der Raumzeit, wie sie durch die Allgemeine Relativitätstheorie beschrieben wird. Dieser Abschnitt erforscht die Hypothesen und Theorien, die darauf hinweisen, dass Quantenphänomene eine wichtige Rolle bei der Entstehung, Entwicklung und Strukturierung des Raumzeit-Gefüges spielen könnten.

Die Allgemeine Relativitätstheorie von Albert Einstein beschreibt die Gravitation als Krümmung der Raumzeit durch Massen und Energien. Diese Theorie hat unser Verständnis von Raum und Zeit revolutioniert, indem sie die physische Welt in eine dynamische, gekrümmte Geometrie einbettet. Quantenmechanische Phänomene hingegen beschreiben das Verhalten von subatomaren Teilchen auf kleinster Skala und sind maßgeblich für die Wechselwirkungen in der Welt der Elementarteilchen verantwortlich.

Ein viel diskutierter Punkt ist, wie die Quantenmechanik und die Allgemeine Relativitätstheorie miteinander in Einklang gebracht werden können – ein Problem, das als "Quantengravitation" bekannt ist. Während die Quantenmechanik auf kleiner Skala gut funktioniert und die Gravitation auf kosmischer Skala gut erklärt, wurden bisherige Versuche, eine einheitliche Theorie zu entwickeln, durch mathematische Unstimmigkeiten und fundamentale Unterschiede zwischen den beiden Theorien erschwert.

Ein Ansatz zur Verbindung dieser Theorien ist die Stringtheorie, die besagt, dass die grundlegenden Bausteine der Natur keine Punktteilchen sind, sondern winzige, eindimensionale "Strings" oder Schleifen, die die Quantenmechanik und die Gravitation vereinen könnten. Ein weiterer Ansatz ist die Schleifenquantengravitation, die sich auf eine quantisierte Beschreibung der Raumzeit konzentriert und versucht, eine einheitliche Theorie zu entwickeln.

Die Quantenphänomene könnten auch eine Rolle in der Entstehung des Universums und der kosmischen Struktur gespielt haben. Die Theorie der kosmischen Inflation, die besagt, dass das Universum kurz nach dem Urknall eine exponentielle Expansion durchgemacht hat, könnte durch Quantenfluktuationen ausgelöst worden sein. Diese winzigen Schwankungen in den Quantenfeldern könnten zu den Unregelmäßigkeiten geführt haben, die schließlich die Grundlage für die Entstehung von Galaxien und anderen kosmischen Strukturen bildeten.

Ein weiteres interessantes Konzept ist die Idee der „Quantenfluktuationen der Raumzeit". Diese Theorie besagt, dass der Raum selbst auf kleinster Skala nicht kontinuierlich ist, sondern aus Quantenfeldern und -fluktuationen besteht. Diese Fluktuationen könnten dazu führen, dass der Raum auf subatomarer Ebene eine gewisse Unsicherheit aufweist, was wiederum Einfluss auf die Struktur der Raumzeit haben könnte.

Eine der bemerkenswertesten Hypothesen im Bereich der Quantenphänomene und der Raumzeit ist die Idee der "Raumzeit-Schaum". Diese Theorie besagt, dass der Raum auf kleinsten Skalen nicht glatt und kontinuierlich ist, sondern aus einem "Schaum" von Quantenfeldern und -fluktuationen besteht. Diese

Raumzeit-Fluktuationen könnten als grundlegende Bausteine des Raums betrachtet werden und könnten sogar Auswirkungen auf die Gravitation und die Krümmung der Raumzeit haben.

Die Verbindung zwischen Quantenphänomenen und der Struktur der Raumzeit hat auch Auswirkungen auf das Verständnis von Zeitreisen. Wenn die Quantenmechanik eine wichtige Rolle bei der Bildung und Strukturierung der Raumzeit spielt, könnte dies bedeuten, dass sie auch bei der Manipulation von Zeit eine Rolle spielen könnte. Einige Theorien argumentieren sogar, dass es durch die gezielte Beeinflussung von Quantenfluktuationen oder Raumzeit-Strukturen möglich sein könnte, Zeitreisen zu ermöglichen.

Zusammenfassend verdeutlicht das Kapitel "Quantenphänomene und die Struktur der Raumzeit" die komplexen und tiefgreifenden Verbindungen zwischen den Grundlagen der Quantenmechanik und der Struktur der Raumzeit. Die Hypothesen und Theorien in diesem Bereich zeigen, wie eng miteinander verknüpft die fundamentalen Bausteine der Natur – Raum, Zeit, Materie und Energie – möglicherweise sind. Trotz der aktuellen mathematischen und theoretischen Herausforderungen deutet die Forschung auf diesem Gebiet darauf hin, dass die Quantenphänomene eine Schlüsselrolle bei der Entstehung und Entwicklung des Universums sowie bei der Möglichkeit von Zeitreisen spielen könnten.

6.8 Quantenfluktuationen und temporale Unschärfe

Das Kapitel "Quantenfluktuationen und temporale Unschärfe" erkundet die faszinierende Welt der Quantenfluktuationen und ihre potenzielle Rolle bei der Erklärung von zeitlicher Unschärfe. Dieses Thema ist von zentraler Bedeutung, um das subtile Zusammenspiel zwischen Quantenmechanik und unserer intuitiven Wahrnehmung von Zeit zu verstehen.

Quantenfluktuationen sind spontane, kurzlebige Schwankungen in den Zuständen von quantenmechanischen Systemen aufgrund der Unschärferelation. Diese Fluktuationen betreffen verschiedene physikalische Größen wie Energie, Impuls und Zeit. Die Unschärferelation, ein fundamentales Prinzip der Quantenmechanik, besagt, dass es unmöglich ist, sowohl den Ort als auch den Impuls eines Teilchens mit beliebiger Genauigkeit gleichzeitig zu kennen. Ähnlich dazu könnte es auch eine Unschärferelation für Zeit und Energie geben.

Die Idee der temporalen Unschärfe basiert auf der Vermutung, dass es eine Begrenzung für die gleichzeitige Genauigkeit von zeitlichen Messungen und Energiemessungen geben könnte. Dies würde bedeuten, dass je präziser wir die Zeit eines Ereignisses bestimmen möchten, desto unschärfer wird unsere Messung der zugehörigen Energie sein und umgekehrt. Diese temporale Unschärfe könnte dazu führen, dass auf subatomarer Ebene Messungen von Zeit und Energie eng miteinander verknüpft sind.

Ein weiterer Aspekt von Quantenfluktuationen ist ihre Verbindung zur virtuellen Teilchenpaar-Erzeugung. Aufgrund der Unschärferelation können virtuelle Teilchenpaare, die normalerweise aufgrund der Energieerhaltung nicht erzeugt werden könnten, für eine sehr kurze Zeitspanne erscheinen und dann wieder verschwinden. Dieses Phänomen wurde experimentell bestätigt und hat weitreichende Auswirkungen auf die Quantenfeldtheorie und die Physik subatomarer Prozesse.

Die Verbindung von Quantenfluktuationen und zeitlicher Unschärfe könnte auch in Bezug auf Zeitreisen interessante Implikationen haben. Einige Theorien spekulieren, dass die Manipulation von Quantenfluktuationen oder die Kontrolle der temporalen Unschärfe möglicherweise Einfluss auf das Verständnis von Zeitreisen haben könnten. Es wird diskutiert, ob durch gezielte Eingriffe in diese Prozesse ein Fenster für Zeitreisen geöffnet werden könnte.

Es ist jedoch wichtig zu betonen, dass die Ideen der temporalen Unschärfe und der Quantenfluktuationen spekulativ sind und derzeit noch keine experimentellen Beweise dafür vorliegen. Die Quantenmechanik selbst ist bereits komplex und herausfordernd zu verstehen, und die Erweiterung dieser Konzepte auf die Zeitdimension erhöht die Komplexität weiter. Die quantenmechanische Welt kann aufgrund ihrer abstrakten Natur schwer vorstellbar sein, was zu Unsicherheiten und unterschiedlichen Interpretationen führen kann.

Ein weiterer interessanter Aspekt ist die mögliche Verbindung zwischen Quantenfluktuationen und der Entstehung des Universums. Die kosmische Inflationstheorie besagt, dass das Universum kurz nach dem Urknall eine schnelle Expansion erlebte. Diese Expansion könnte durch Quantenfluktuationen ausgelöst worden sein, die winzige Unterschiede in der Energieverteilung erzeugten und schließlich zu den Strukturen im Universum führten, die wir heute beobachten.

Zusammenfassend verdeutlicht das Kapitel "Quantenfluktuationen und temporale Unschärfe" die vielschichtigen Verbindungen zwischen Quantenphänomenen und dem Konzept der Zeit. Die Unschärferelation und die Ideen der zeitlichen Unschärfe werfen wichtige Fragen über unsere Vorstellung von präziser Zeitmessung und die Natur der Zeit selbst auf. Trotz der spekulativen Natur dieser Konzepte zeigen sie, wie die Quantenmechanik auch in Bezug auf die Zeit weiterhin faszinierende Fragen aufwirft und unser Verständnis von Raum, Zeit und Realität herausfordert.

6.9 Zeitreisen als Folge von Quanteninstabilität
Das Kapitel "Zeitreisen als Folge von Quanteninstabilität" widmet sich einer faszinierenden Hypothese, die besagt, dass Quanteninstabilitäten auf subatomarer Ebene die Möglichkeit von Zeitreisen eröffnen könnten. Diese Theorie beruht auf der Idee, dass winzige Fluktuationen in den Quantenzuständen von Teilchen und Feldern dazu führen könnten, dass mikroskopische regionale "Blasen" der Raumzeit entstehen, in denen die Zeit rückwärts fließt oder auf ungewöhnliche Weise verläuft.

Quanteninstabilitäten beziehen sich auf kurzlebige Zustandsänderungen in Quantensystemen. Aufgrund der

Unschärferelation können virtuelle Teilchenpaare spontan erscheinen und wieder verschwinden, und sie könnten auch zu Instabilitäten in Quantenfeldern führen. Diese Instabilitäten könnten dazu führen, dass die Raumzeit in winzigen Bereichen fluktuiert und alternative Zeitverläufe ermöglicht.

Die Idee der Zeitreisen als Folge von Quanteninstabilität bezieht sich auf die Vorstellung von "Zeitblasen" oder "Chronoblasen", in denen die Zeit auf unerwartete Weise manipuliert wird. Innerhalb solcher Blasen könnte die Zeit rückwärts oder chaotisch fließen, was zu paradoxen Situationen führen könnte. Zum Beispiel könnte ein Ereignis dazu führen, dass ein Zustand entsteht, in dem ein Objekt in die Vergangenheit reist und dort mit seiner eigenen Vergangenheit interagiert – ein Szenario, das als "Selbstzeitreise" bekannt ist.

Es gibt mehrere Modelle und Theorien, die diese Ideen erforschen. Ein Ansatz ist die "Quantenchronodynamik", die versucht, eine Quantenmechanik der Zeit zu entwickeln und Instabilitäten in Quantenzuständen zu erklären. Diese Theorie könnte auf mikroskopischer Ebene alternative Zeitverläufe ermöglichen, die in bestimmten Situationen zu Zeitreisen führen könnten.

Ein weiterer Ansatz ist die "Quantenkosmologie", die sich auf die Anwendung der Quantenmechanik auf das Universum als Ganzes konzentriert. Einige Theorien in diesem Bereich schlagen vor, dass Quantenfluktuationen auf kosmischer Skala zu einer Instabilität führen könnten, die eine Region der Raumzeit verändert und eine alternative Zeitlinie erzeugt.

Es ist jedoch wichtig zu betonen, dass die Idee von Zeitreisen als Folge von Quanteninstabilität mit vielen theoretischen und philosophischen Herausforderungen verbunden ist. Das Konzept der Selbstzeitreise führt zu Paradoxen wie dem Großvater-paradoxon, bei dem ein Individuum in die Vergangenheit reist und Ereignisse verändert, die zur eigenen Existenz geführt haben. Solche Paradoxa werfen Fragen nach Kausalität und Logik auf und fordern unsere fundamentalen Vorstellungen von Zeit und Realität heraus.

Ein weiteres Problem ist die Frage, wie diese Instabilitäten kontrolliert oder gezielt genutzt werden könnten. Wenn Quanteninstabilitäten die Grundlage für Zeitreisen sind, müssten Mechanismen gefunden werden, um diese Instabilitäten zu manipulieren und die gewünschten Zeitreisen zu erzeugen. Die Entwicklung solcher Technologien wäre äußerst anspruchsvoll und würde potenziell immense Energie und Ressourcen erfordern.

Trotz dieser Herausforderungen bietet die Idee der Zeitreisen als Folge von Quanteninstabilität eine interessante Perspektive auf das Konzept der Zeit. Sie zeigt, wie Quantenphänomene, die normalerweise auf subatomarer Ebene wirken, möglicherweise auch auf größere Skalen, einschließlich der Raumzeit, Einfluss haben könnten. Diese Theorie zeigt auch, wie unsere herkömmliche Vorstellung von Zeit möglicherweise viel komplexer ist, als es auf den ersten Blick erscheint, und wie die Kombination von Quantenmechanik und Raumzeit die Tür zu unerwarteten Möglichkeiten öffnen könnte.

Insgesamt verdeutlicht das Kapitel "Zeitreisen als Folge von Quanteninstabilität" die spannende Verbindung zwischen den Konzepten der Quantenmechanik und der Möglichkeit von Zeitreisen. Es stellt jedoch auch heraus, wie herausfordernd und spekulativ diese Ideen sind, und betont die Notwendigkeit weiterer Forschung und Untersuchung, um die theoretischen Grundlagen zu stärken und die potenzielle Realisierbarkeit von Zeitreisen aufgrund von Quanteninstabilität zu klären.

6.10 Zeitreisen in der modernen Physik: Experimente und Forschungen

Das Kapitel "Zeitreisen in der modernen Physik: Experimente und Forschungen" widmet sich den fortschrittlichen Experimenten und wissenschaftlichen Forschungen, die darauf abzielen, die Möglichkeit von Zeitreisen auf der Grundlage moderner physikalischer Theorien zu untersuchen. Diese Experimente zielen darauf ab, die Grenzen unserer aktuellen Kenntnisse über Raum, Zeit und Quantenphänomene zu erweitern und die theoretischen Modelle zu überprüfen, die die Grundlage für die Vorstellung von Zeitreisen bilden.

In den letzten Jahren haben sich einige innovative Forschungsprojekte und Experimente herausgebildet, die sich mit der Möglichkeit von Zeitreisen auf der Grundlage moderner Physik befassen. Einige dieser Projekte nutzen fortschrittliche Technologien und Methoden, um die theoretischen Konzepte von Zeitreisen zu überprüfen, während andere auf bahnbrechende Erkenntnisse aus der Quantenmechanik und der Allgemeinen Relativitätstheorie aufbauen.

Ein solches Experiment ist das Projekt "Holographische Zeitmaschine", bei dem die Wissenschaftler versuchen, ein holographisches System zu entwickeln, das die Ausbreitung von Licht simuliert. Dieses Experiment basiert auf dem Konzept der AdS/CFT-Korrespondenz, einer Theorie, die die Stringtheorie und die Gravitationstheorie miteinander verbindet. Das Ziel ist es, durch die Manipulation des holographischen Systems die Möglichkeit von geschlossenen zeitartigen Kurven zu untersuchen, die zu Zeitreisen führen könnten.

Ein weiteres Forschungsgebiet betrifft die Untersuchung von Wurmlöchern und ihrer möglichen Rolle bei der Verbindung verschiedener Raumzeitpunkte. Die Wurmlöcher, die in der Allgemeinen Relativitätstheorie theoretisch vorhergesagt wurden, sind bisher jedoch nur hypothetisch. Einige Forscher arbeiten daran, die mathematischen Modelle von Wurmlöchern zu erweitern und die Bedingungen zu identifizieren, unter denen sie stabil sein könnten, um tatsächlich als "Brücken" zwischen verschiedenen Raumzeitpunkten zu dienen.

Die Erforschung von Schwarzen Löchern hat ebenfalls zur Debatte über Zeitreisen beigetragen. Einige Theorien besagen, dass

Schwarze Löcher möglicherweise Eintrittstore zu anderen Universen oder Dimensionen sind, was zu Spekulationen über die Möglichkeit von Zeitreisen führt. Forscher suchen nach Möglichkeiten, die Eigenschaften von Schwarzen Löchern zu nutzen, um in der Zeit zu reisen oder alternative Zeitverläufe zu erkunden.

Quantencomputertechnologien haben auch dazu beigetragen, das Feld der Zeitreisen in der modernen Physik voranzutreiben. Einige Modelle nutzen Quantenverschränkung und Superposition, um theoretische Zeitreisen durchzuführen. Diese Experimente zielen darauf ab, die Quantenmechanik für zeitliche Manipulationen zu nutzen, obwohl sie bisher eher im Bereich der theoretischen Spekulation als in der praktischen Realität bleiben.

Jüngste Fortschritte in der Quantentechnologie haben auch die Untersuchung von Quantenverschränkung und Teleportation vorangetrieben. Die Idee, Informationen auf quantenmechanische Weise zu übertragen, hat Parallelen zur Vorstellung von Zeitreisen, da sie den Transfer von Information instantan über große Entfernungen ermöglicht. Diese Experimente werfen interessante Fragen darüber auf, wie Quantenphänomene für zeitliche Zwecke genutzt werden könnten.

Trotz dieser spannenden Entwicklungen ist es wichtig anzumerken, dass die Erforschung von Zeitreisen in der modernen Physik nach wie vor in den Anfängen steckt. Die meisten dieser Experimente sind theoretischer Natur oder basieren auf Simulationen und mathematischen Modellen. Die praktische Umsetzung von Zeitreisen bleibt eine große Herausforderung, die mit zahlreichen technischen und theoretischen Hürden verbunden ist.

Ein weiteres kritisches Thema ist die Bewahrung der Kausalität. Das Großvaterparadoxon und ähnliche Paradoxa deuten darauf hin, dass Zeitreisen zu widersprüchlichen Situationen führen könnten, in denen Ereignisse ihre eigene Ursache sind. Forscher arbeiten daran, Modelle zu entwickeln, die diese Paradoxa auflösen könnten, um die Kausalität zu bewahren und dennoch die Möglichkeit von Zeitreisen zu erforschen.

Insgesamt verdeutlicht das Kapitel "Zeitreisen in der modernen Physik: Experimente und Forschungen" die Fortschritte und Herausforderungen in der aktuellen wissenschaftlichen Erforschung der Zeitreisen. Die Experimente und Forschungen basieren auf den neuesten Erkenntnissen der Quantenmechanik, der Allgemeinen Relativitätstheorie und moderner Technologien. Sie zeigen, wie die wissenschaftliche Gemeinschaft sich bemüht, die fundamentalen Fragen über Raum, Zeit und Realität zu beantworten und die Möglichkeit von Zeitreisen auf der Grundlage solider physikalischer Theorien zu erkunden.

Kapitel 7: Technologische Umsetzung von Zeitreisen

7.1 Zeitreisen als technologische Herausforderung

Das Kapitel "Zeitreisen als technologische Herausforderung" widmet sich den vielfältigen technologischen und ingenieurwissenschaftlichen Herausforderungen, die mit der Realisierung von Zeitreisen verbunden wären. Es beleuchtet die technischen Aspekte, die überwunden werden müssten, um die komplexen Anforderungen an Energie, Materie, Raumzeit-verzerrung und Kontrolle zu erfüllen, die mit dem Konzept der Zeitreisen einhergehen.

Die Idee von Zeitreisen fasziniert nicht nur Wissenschaftler, sondern auch die breite Öffentlichkeit. Allerdings steht die Umsetzung dieser Idee vor enormen technologischen Barrieren, die nicht nur aufgrund der Komplexität der physikalischen Prinzipien, sondern auch aufgrund der praktischen Umsetzung und der ethischen Implikationen schwer zu überwinden sind.

Ein zentrales Problem ist der enorme Energiebedarf für eine Zeitreise. Um Raumzeitverzerrungen in ausreichendem Maße zu erzeugen, wäre eine gewaltige Energiemenge erforderlich, die weit über das hinausgeht, was derzeitige Technologien liefern können. Die Allgemeine Relativitätstheorie von Einstein besagt, dass die Verzerrung der Raumzeit mit Massen und Energien zusammenhängt. Daher würde die Erzeugung einer ausreichenden Krümmung der Raumzeit erhebliche Energie erfordern, die derzeit nicht verfügbar ist.

Ein weiteres Problem ist die Notwendigkeit exotischer Materie mit negativer Energie. Theoretisch könnten sogenannte "exotische Materie" oder "exotische Felder" verwendet werden, um Raumzeitverzerrungen zu erzeugen, die Zeitreisen ermöglichen könnten. Diese Materie müsste jedoch bestimmte Eigenschaften haben, einschließlich negativer Energie, um die Raumzeit in der gewünschten Weise zu verzerren. Bisher ist exotische Materie jedoch reine Spekulation, und es gibt keine bekannten Quellen dafür.

Die Kontrolle über die erzeugten Raumzeitverzerrungen wäre eine weitere Herausforderung. Die Fähigkeit, die Form und Ausdehnung dieser Verzerrungen zu steuern, um bestimmte Zeitreiseziele zu erreichen, wäre äußerst komplex und erfordert eine genaue Kontrolle über die eingesetzte Energie und Materie. Kleine Fehler könnten zu unvorhersehbaren Ergebnissen führen, einschließlich möglicher Paradoxa.

Darüber hinaus würde die Navigation in der Zeit und das Verhindern von Paradoxa zusätzliche technologische Hürden schaffen. Wenn Zeitreisen ermöglicht werden könnten, müssten Mechanismen entwickelt werden, um sicherzustellen, dass die veränderten Ereignisse keine inkonsistenten oder widersprüchlichen Ergebnisse erzeugen, wie zum Beispiel das Großvaterparadoxon. Dies erfordert möglicherweise fortschrittliche Algorithmen, um die Zeitreise so zu gestalten, dass die Kausalität und Logik gewahrt bleiben.

Ein weiteres Thema ist die Notwendigkeit einer rückwärtsgerichteten Zeitmaschine, die in der Lage ist, Informationen oder Materie in die Vergangenheit zu übertragen. Dies stellt eine zusätzliche technologische Herausforderung dar, da die meisten derzeitigen Technologien darauf ausgerichtet sind, Informationen in die Zukunft zu übertragen (z. B. durch Datenspeicherung). Die Möglichkeit einer rückwärtsgerichteten Zeitreise würde die Entwicklung völlig neuer Ansätze erfordern.

Ethische und philosophische Fragen sind ebenfalls eng mit den technologischen Herausforderungen der Zeitreisen verbunden. Die Möglichkeit von Zeitreisen wirft Fragen nach der Verantwortung für veränderte Ereignisse auf, insbesondere wenn diese Veränderungen Auswirkungen auf individuelle Schicksale und historische Entwicklungen haben könnten. Die Fähigkeit, in die Vergangenheit einzugreifen, könnte zu moralisch komplexen

Situationen führen, in denen Entscheidungen darüber getroffen werden müssten, ob und wie solche Eingriffe vorgenommen werden sollten.

Insgesamt verdeutlicht das Kapitel "Zeitreisen als technologische Herausforderung" die technischen Hürden, die mit der Umsetzung der Zeitreisen einhergehen. Die Erfüllung der Anforderungen an Energie, Materie, Raumzeitverzerrung und Kontrolle stellt enorme Herausforderungen dar, die weit über die derzeitigen technologischen Möglichkeiten hinausgehen. Es betont auch die Notwendigkeit, ethische und philosophische Fragen zu berücksichtigen, wenn es darum geht, die potenziellen Auswirkungen von Zeitreisen auf individuelle Leben, historische Ereignisse und die Natur der Realität zu verstehen.

7.2 Energieanforderungen und Ressourcen

Das Kapitel "Energieanforderungen und Ressourcen" behandelt die immense Herausforderung der Energie, die mit der Realisierung von Zeitreisen verbunden wäre. Die Möglichkeit, die Raumzeit zu verzerren und Zeitreisen zu ermöglichen, erfordert nach den aktuellen physikalischen Theorien enorme Mengen an Energie, die weit über das hinausgehen, was derzeitige Technologien liefern können.

Die Energieanforderungen für Zeitreisen lassen sich aus der Allgemeinen Relativitätstheorie ableiten. Diese Theorie beschreibt, wie Massen und Energien die Krümmung der Raumzeit beeinflussen, was wiederum die Möglichkeit von Raumzeitverzerrungen und Zeitreisen betrifft. Um eine ausreichend starke Raumzeitverzerrung für Zeitreisen zu erzeugen, wäre eine Energiemenge erforderlich, die der Masse von Milliarden von Sonnen entspricht – eine astronomisch hohe Zahl.

Diese riesige Energiemenge wirft eine Vielzahl von Fragen auf, die bisher nicht zufriedenstellend beantwortet wurden. Zum einen ist die Frage nach der Quelle einer derart großen Energiemenge problematisch. Derzeitige Energiequellen wie fossile Brennstoffe,

Atomkraft oder erneuerbare Energien könnten bei weitem nicht ausreichen, um die erforderliche Energie für Zeitreisen zu liefern. Es müssten völlig neue Technologien oder Konzepte entwickelt werden, um diese Energiemenge zu erzeugen.

Ein weiteres Problem ist der Wirkungsgrad der Energieumwandlung. Selbst wenn es gelänge, die erforderliche Energie zu erzeugen, stellt sich die Frage, wie effizient diese Energie in Raumzeitverzerrungen umgewandelt werden könnte. Ein großer Teil der erzeugten Energie könnte in Form von Wärme oder anderen nicht nutzbaren Formen verloren gehen. Die Entwicklung von Technologien zur effizienten Energieumwandlung wäre daher entscheidend.

Eine Möglichkeit, die in der Theorie vorgeschlagen wurde, ist die Nutzung von Schwarzen Löchern als Energiequelle. Schwarze Löcher sind extrem dichte Objekte mit einer starken Gravitationskraft, die sogar das Licht einfangen kann. Wenn es gelänge, die Energie von einem rotierenden Schwarzen Loch abzuzapfen, könnten potenziell gigantische Energiemengen gewonnen werden. Allerdings bleibt dies bisher reine Spekulation und steht in engem Zusammenhang mit der Möglichkeit der Beherrschung von Schwarzen Löchern.

Eine weitere Idee ist die Nutzung von exotischer Materie mit negativer Energie, um Raumzeitverzerrungen zu erzeugen. Theoretisch könnten diese exotischen Materiezustände dazu verwendet werden, die Krümmung der Raumzeit in der gewünschten Weise zu manipulieren. Allerdings ist die Existenz von exotischer Materie bisher nur eine hypothetische Annahme, und es gibt keine empirischen Beweise für ihre Existenz. Die Schaffung oder Manipulation von Materie mit negativer Energie stellt eine der größten Herausforderungen der modernen Physik dar.

Ein weiteres Problem ist die Kontrolle über die erzeugte Raumzeitverzerrung. Die Raumzeitverzerrung muss präzise kontrollierbar sein, um gezielte Zeitreisen zu ermöglichen. Kleine

Fehler könnten zu unvorhersehbaren Ergebnissen führen, einschließlich möglicher Paradoxa. Die Entwicklung von Technologien zur präzisen Raumzeitkontrolle und -manipulation ist ein entscheidender Schritt auf dem Weg zur Umsetzung von Zeitreisen.

Die enormen Energieanforderungen und die damit verbundenen technologischen Herausforderungen haben dazu geführt, dass viele Wissenschaftler skeptisch gegenüber der praktischen Realisierung von Zeitreisen sind. Die Entwicklung von Technologien, die in der Lage sind, die erforderlichen Energiemengen zu erzeugen, erscheint derzeit weit jenseits unseres technologischen Horizonts. Einige Forscher argumentieren sogar, dass die Möglichkeit von Zeitreisen aufgrund dieser technologischen Einschränkungen vielleicht immer eine theoretische oder fiktionale Vorstellung bleiben wird.

Die Erörterung von Energieanforderungen und Ressourcen verdeutlicht, dass die Möglichkeit von Zeitreisen nicht nur von den physikalischen Prinzipien, sondern auch von den praktischen technologischen Realitäten abhängt. Die enormen Energiemengen, die für Raumzeitverzerrungen und Zeitreisen erforderlich wären, stellen eine der größten technologischen Herausforderungen der modernen Wissenschaft dar. Die Forschung auf diesem Gebiet erfordert nicht nur innovative technologische Ansätze, sondern auch ein tiefes Verständnis der zugrunde liegenden physikalischen Prinzipien, um die komplexen Anforderungen an Energie, Materie und Raumzeitverzerrung zu erfüllen.

7.3 Raumfahrttechnologie und Lichtgeschwindigkeits-annäherung

Das Kapitel "Raumfahrttechnologie und Lichtgeschwindigkeits-annäherung" untersucht die fortschrittliche Raumfahrttechnologie als einen potenziellen Ansatz zur Annäherung an Lichtgeschwindigkeiten und somit zur Möglichkeit von Zeitreisen. Es beleuchtet die Konzepte und Herausforderungen bei der Entwicklung von Raumfahrzeugen, die sich mit extrem hohen

Geschwindigkeiten fortbewegen können, sowie die Auswirkungen solcher Technologien auf das Konzept von Zeitreisen.

Die Idee, Raumfahrzeuge mit Geschwindigkeiten nahe der Lichtgeschwindigkeit zu betreiben, ist eine Möglichkeit, die aus den Prinzipien der Relativitätstheorie abgeleitet ist. Gemäß Einsteins Theorien verlangsamt sich die Zeit für ein bewegtes Objekt relativ zu einem ruhenden Beobachter. Je schneller sich ein Objekt bewegt, desto stärker tritt dieser Effekt auf – ein Konzept, das als Zeitdilatation bekannt ist. Bei Geschwindigkeiten nahe der Lichtgeschwindigkeit würde die Zeit für die Insassen eines Raumfahrzeugs im Vergleich zur Zeit auf der Erde viel langsamer vergehen. Dies könnte zu einer Art "zeitlicher Verschiebung" führen, bei der die Raumfahrzeuginsassen nach ihrer Rückkehr eine unterschiedliche Zeit erleben würden als die Menschen auf der Erde.

Allerdings sind Geschwindigkeiten nahe der Lichtgeschwindigkeit extrem schwierig zu erreichen und mit zahlreichen technologischen Herausforderungen verbunden. Die benötigte Energie, um ein Raumfahrzeug auf solche Geschwindigkeiten zu beschleunigen, ist immens. Außerdem würden die relativistischen Effekte, wie Zeitdilatation und Längenkontraktion, bei solchen Geschwindigkeiten erhebliche Einflüsse auf die Raumfahrttechnologie haben. Die Bewältigung dieser Hindernisse erfordert innovative Ansätze und Technologien, die weit über die derzeitige Raumfahrttechnologie hinausgehen.

Eine Möglichkeit zur Annäherung an Lichtgeschwindigkeiten ist die Nutzung fortschrittlicher Antriebssysteme. Zum Beispiel wurden Konzepte wie der "ionenangetriebene Antrieb" entwickelt, der winzige Teilchen beschleunigt, um Schub zu erzeugen. Dies ermöglicht eine schrittweise Beschleunigung über längere Zeiträume, was theoretisch zu Geschwindigkeiten nahe der Lichtgeschwindigkeit führen könnte. Solche Antriebe sind jedoch technisch anspruchsvoll und erfordern neue Energiequellen und Materialien.

Ein weiterer Ansatz ist die Nutzung von "Mikro-Black-Holes", um Raumfahrzeuge zu beschleunigen. Diese hypothetischen winzigen Schwarzen Löcher könnten als Antrieb genutzt werden, indem sie in der Nähe des Raumfahrzeugs erzeugt werden und es durch ihre Gravitationskraft beschleunigen. Dieses Konzept ist jedoch mit erheblichen Risiken verbunden, da die Kontrolle über Schwarze Löcher äußerst komplex und gefährlich ist.

Die relativistischen Effekte bei solchen Geschwindigkeiten würden auch erhebliche technologische und biologische Herausforderungen mit sich bringen. Raumfahrzeuge und Insassen müssten vor den Auswirkungen der hohen Geschwindigkeiten geschützt werden, um negative Effekte auf die Gesundheit und die Technologie zu verhindern. Dies erfordert möglicherweise fortschrittliche Schilde oder Abschirmungen, um die Raumfahrzeuginsassen vor schädlicher Strahlung und anderen Gefahren zu schützen.

Die Raumfahrttechnologie und die Annäherung an Lichtgeschwindigkeiten könnten auch Auswirkungen auf das Konzept von Zeitreisen haben. Wenn es gelänge, Raumfahrzeuge mit extrem hohen Geschwindigkeiten zu betreiben, würden die relativistischen Effekte dazu führen, dass die Zeit für die Insassen langsamer vergeht als für die Menschen auf der Erde. Dies könnte zu einer Art "zeitlicher Verschiebung" führen, bei der die Raumfahrzeuginsassen nach ihrer Rückkehr eine unterschiedliche Zeit erleben würden. Dieses Konzept wird als das "Zwillingsparadoxon" beschrieben, bei dem Zwillinge, von denen einer auf einer Raumfahrtmission ist, unterschiedliche Alterszustände erreichen.

Die Raumfahrttechnologie und die Lichtgeschwindigkeitsannäherung werfen jedoch auch einige Paradoxa auf. Das "Zwillingsparadoxon" ist ein Beispiel dafür, wie relativistische Effekte zu scheinbar widersprüchlichen Ergebnissen führen können. Die Lösung dieser Paradoxa erfordert eine genaue Berücksichtigung der relativistischen Effekte und eine sorgfältige

Analyse der Zeitdilatation, Längenkontraktion und anderer Faktoren.

Insgesamt verdeutlicht das Kapitel "Raumfahrttechnologie und Lichtgeschwindigkeitsannäherung" die fortschrittliche Natur der Technologien, die erforderlich wären, um Geschwindigkeiten nahe der Lichtgeschwindigkeit zu erreichen. Die Entwicklung von Antriebssystemen, die in der Lage sind, Raumfahrzeuge auf derartige Geschwindigkeiten zu beschleunigen, erfordert innovative Ansätze und technologische Durchbrüche. Diese Technologien könnten nicht nur die Möglichkeit von Zeitreisen näher bringen, sondern auch unser Verständnis der fundamentalen Physik und der relativen Natur der Zeit vertiefen.

7.4 Experimente zur Zeitdilatation in der modernen Physik
Das Kapitel "Experimente zur Zeitdilatation in der modernen Physik" widmet sich der empirischen Untersuchung der Zeitdilatation, einem zentralen Konzept der Relativitätstheorie. Es beleuchtet die Experimente und Beobachtungen, die unsere Vorstellung von der Zeit beeinflussen und die Gültigkeit der relativistischen Effekte bestätigen.

Ein Grundprinzip der Speziellen Relativitätstheorie, das von Albert Einstein entwickelt wurde, besagt, dass die Zeit nicht absolut ist, sondern von der Geschwindigkeit eines Beobachters abhängt. Wenn sich ein Beobachter mit hoher Geschwindigkeit bewegt, wird die Zeit für ihn langsamer vergehen, im Vergleich zu einem ruhenden Beobachter. Dieses Konzept, bekannt als Zeitdilatation, wurde durch zahlreiche Experimente und Beobachtungen bestätigt und stellt eine der revolutionärsten Ideen in der modernen Physik dar.

Eines der bekanntesten Experimente, das die Zeitdilatation bestätigte, ist das sogenannte "Muon-Experiment". Kosmische Strahlen erzeugen Muonen – instabile subatomare Teilchen – in der oberen Atmosphäre. Diese Muonen haben eine begrenzte Lebensdauer, während der sie eine bestimmte Strecke zurücklegen können, bevor sie zerfallen. Die erwartete Lebensdauer der Muonen bei ihrer hohen Geschwindigkeit würde nicht ausreichen, um die Erdoberfläche zu erreichen. Dennoch werden Muonen in Bodennähe beobachtet.

Die Erklärung für dieses Phänomen liegt in der Zeitdilatation. Aufgrund der hohen Geschwindigkeiten der Muonen relativ zu der ruhenden Erdoberfläche vergeht ihre Zeit langsamer, was dazu führt, dass sie eine größere Strecke zurücklegen können, bevor sie zerfallen. Dieses Experiment bestätigt empirisch die relativistische Vorstellung von Zeitdilatation und zeigt, dass die Zeit tatsächlich relativ ist und von der Geschwindigkeit abhängt.

Ein weiteres bedeutendes Experiment, das die Zeitdilatation belegt, ist das "Hafele-Keating-Experiment". In den 1970er Jahren führten Joseph C. Hafele und Richard E. Keating eine Serie von Flugzeugreisen rund um die Erde durch, wobei sie hochpräzise Atomuhren mitführten. Diese Uhren wurden während der Flüge mit hohen Geschwindigkeiten im Vergleich zu ruhenden Uhren auf der Erdoberfläche synchronisiert.

Nach ihrer Rückkehr stellten die Forscher fest, dass die Uhren an Bord der Flugzeuge im Vergleich zu den ruhenden Uhren auf der Erde geringfügig verlangsamt waren. Dieses Experiment bestätigte die Vorhersagen der Speziellen Relativitätstheorie hinsichtlich der Zeitdilatation bei hohen Geschwindigkeiten. Es zeigte, dass die Uhren, die sich mit höherer Geschwindigkeit bewegten, langsamer tickten, was die Idee der relativen Zeit verdeutlichte.

Ein weiteres Experiment, das die Zeitdilatation untersuchte, ist das "Gravitations-Zwillingsparadoxon". Hierbei wird die Zeitdilatation durch den Einfluss der Gravitationskraft betrachtet. Gemäß der Allgemeinen Relativitätstheorie verlangsamt sich die Zeit in stärkerer Gravitationskraft. Dies bedeutet, dass Uhren auf der Erdoberfläche langsamer ticken würden als Uhren in größerer Entfernung von der Erde.

Das Experiment wurde in Form von hochpräzisen Atomuhren durchgeführt, von denen eine Uhr in größerer Höhe platziert wurde, um den Einfluss der Gravitationskraft zu minimieren. Nach einer gewissen Zeit wiesen die Uhren tatsächlich eine geringfügige Zeitdifferenz auf. Dies bestätigt die Vorhersagen der Allgemeinen Relativitätstheorie und zeigt, dass die Gravitation die Zeit beeinflusst und zu einer Zeitdilatation führt.

Diese Experimente verdeutlichen, wie wichtig empirische Beobachtungen und Tests für die Validierung wissenschaftlicher Theorien sind. Die Relativitätstheorien Einsteins wurden nicht nur aufgrund mathematischer Ableitungen akzeptiert, sondern auch durch eine Vielzahl von Experimenten und Beobachtungen bestätigt. Die Zeitdilatation ist ein bemerkenswertes Beispiel für eine theoretische Vorhersage, die durch wiederholte Experimente und Beobachtungen gestützt wird.

Die Untersuchung der Zeitdilatation hat nicht nur unser Verständnis der Zeit in der Physik revolutioniert, sondern auch praktische Anwendungen gefunden. Atomuhren, die auf den Prinzipien der Zeitdilatation beruhen, sind heute äußerst präzise und werden in vielen technologischen Anwendungen eingesetzt, darunter das globale Navigationssatellitensystem (GPS). Ohne die Berücksichtigung der relativistischen Effekte würde GPS nicht die erforderliche Genauigkeit erreichen.

Insgesamt verdeutlicht das Kapitel "Experimente zur Zeitdilatation in der modernen Physik" die Bedeutung empirischer Tests für die Bestätigung von physikalischen Theorien. Die Zeitdilatation, als ein Kernelement der Relativitätstheorien, wurde durch eine Vielzahl von Experimenten belegt und hat unser Verständnis von Zeit, Raum und Bewegung in der Physik erheblich erweitert.

7.5 Aktuelle Forschungen und Innovationen auf dem Gebiet der Zeitmanipulation

Das Kapitel "Aktuelle Forschungen und Innovationen auf dem Gebiet der Zeitmanipulation" widmet sich den neuesten

Entwicklungen und Forschungen im Bereich der Zeitmanipulation, die sowohl in der theoretischen Physik als auch in der experimentellen Forschung vorangetrieben werden. Es beleuchtet innovative Ansätze, Technologien und Konzepte, die unser Verständnis von Zeitreisen erweitern könnten.

In den letzten Jahrzehnten hat sich das Interesse an der Erforschung von Zeitreisen und Zeitmanipulation stark intensiviert. Während die meisten Konzepte und Ideen noch in einem theoretischen Stadium sind, werden ständig neue Ansätze entwickelt und erforscht, die die Möglichkeit von Zeitreisen näher an die Realität heranrücken könnten.

Ein vielversprechender Bereich aktueller Forschung ist die Verbindung von Quantenphysik und Zeitmanipulation. Die Quantenmechanik bringt Phänomene hervor, die oft als "unmöglich" oder "paradox" erscheinen, darunter die Verschränkung von Teilchen über große Entfernungen und die Möglichkeit des quantenbasierten Informationsaustauschs. Diese Quantenphänomene könnten einen Schlüssel zur Entwicklung neuer Technologien darstellen, die die Manipulation von Zeit ermöglichen.

In diesem Kontext wird die Idee der "Quantenzeitmaschine" diskutiert. Ein Ansatz hierzu ist die Quantenverschränkung von Teilchen über die Zeit hinweg. Wenn zwei Teilchen verschränkt sind, sind Änderungen am Zustand eines Teilchens sofort im anderen Teilchen erkennbar, unabhängig von der Entfernung zwischen ihnen. Einige Forscher haben spekuliert, dass eine solche Verschränkung über die Zeit hinweg zu einer Art "Zeitreise" führen könnte, bei der Informationen oder Zustände von der Vergangenheit in die Zukunft übertragen werden könnten. Dieses Konzept ist jedoch äußerst kontrovers und wirft viele Fragen auf, insbesondere im Zusammenhang mit Kausalität und Konsistenz.

Eine weitere vielversprechende Richtung in der Forschung ist die Untersuchung von exotischer Materie und negativer Energie. Diese theoretischen Konzepte sind eng mit der Möglichkeit von Wurmlöchern und anderen Raumzeitverzerrungen verbunden. Während die Existenz von exotischer Materie und negativer Energie noch nicht nachgewiesen wurde, werden ständig theoretische Modelle entwickelt, um ihre Eigenschaften und Auswirkungen auf Raumzeit zu untersuchen. Ein Durchbruch in diesem Bereich könnte unsere Fähigkeit zur Manipulation von Raumzeit erheblich erweitern.

Ein weiterer Schwerpunkt in der aktuellen Forschung ist die Nutzung von Quantencomputern zur Simulation und Analyse von Zeitmanipulationsszenarien. Quantencomputer sind leistungsstarke Rechner, die auf den Prinzipien der Quantenmechanik basieren und in der Lage sind, komplexe Berechnungen durchzuführen, die für herkömmliche Computer unmöglich wären. Forscher arbeiten daran, Quantencomputer zu nutzen, um Modelle von Zeitreisen, Wurmlöchern und anderen Raumzeitphänomenen zu simulieren und zu analysieren. Dies könnte dazu beitragen, ein besseres Verständnis der physikalischen Gesetze hinter Zeitmanipulation zu gewinnen.

Eine innovative Idee, die in der Forschung diskutiert wird, ist die Nutzung von Schwarzen Löchern als natürliche Zeitmaschinen. Schwarze Löcher sind extrem dichte Objekte, bei denen die Raumzeit so stark gekrümmt ist, dass sie eine "Einbuchtung" in die Raumzeit erzeugen. Einige theoretische Modelle deuten darauf hin, dass Schwarze Löcher möglicherweise als Eintrittspunkte in eine Art "Zeitschlaufe" dienen könnten, bei der Materie und Informationen aus der Vergangenheit in die Zukunft übertragen werden könnten. Dieses Konzept ist äußerst spekulativ und erfordert eine tiefgreifende Untersuchung der Eigenschaften von Schwarzen Löchern und ihrer Wechselwirkung mit Raumzeit.

Neben theoretischen Konzepten gibt es auch experimentelle Forschungen, die darauf abzielen, die Möglichkeit von Zeitmanipulation zu testen. Ein Beispiel hierfür sind Experimente zur Quantenverschränkung und zur Quantenphotonik. Forscher haben Experimente durchgeführt, bei denen verschränkte Photonen über große Entfernungen manipuliert wurden, um möglicherweise Informationen zwischen Vergangenheit und Zukunft zu übertragen. Diese Experimente sind jedoch äußerst komplex und umstritten, da sie grundlegende Fragen der Kausalität und Konsistenz aufwerfen.

Zusätzlich dazu werden immer wieder innovative Ansätze zur Überwindung von technologischen Herausforderungen erforscht. Dazu gehören Ideen wie der Einsatz von künstlicher Intelligenz und Robotik zur Entwicklung von fortschrittlichen Raumfahrtsystemen, die in der Lage sind, nahezu Lichtgeschwindigkeit zu erreichen. Auch die Erforschung neuer Energiequellen und Antriebssysteme, die die erforderliche Energie für Raumzeitmanipulation bereitstellen könnten, ist ein wichtiger Aspekt der aktuellen Forschung.

Insgesamt verdeutlicht das Kapitel "Aktuelle Forschungen und Innovationen auf dem Gebiet der Zeitmanipulation" die fortlaufenden Bemühungen der Wissenschaftler, neue Wege zur Manipulation der Zeit zu erforschen. Die Untersuchung von Quantenphänomenen, exotischer Materie, Schwarzen Löchern, Quantencomputern und anderen innovativen Technologien zeigt, dass das Feld der Zeitreisen ständig in Bewegung ist. Während viele der Konzepte noch rein spekulativ sind und erhebliche technologische und theoretische Hürden überwunden werden müssen, tragen diese Forschungen dazu bei, unser Verständnis der fundamentalen Natur von Raumzeit und Zeit zu vertiefen.

7.6 Der Einfluss von Antimaterie auf Raumzeit und Zeitreisen

Das Kapitel "Der Einfluss von Antimaterie auf Raumzeit und Zeitreisen" widmet sich einer faszinierenden und komplexen Fragestellung im Bereich der Zeitmanipulation: Wie könnte Antimaterie die Raumzeit beeinflussen und möglicherweise Zeitreisen ermöglichen? Antimaterie ist eine fundamentale Komponente der Teilchenphysik, die aus Antiteilchen besteht, die den gleichen Eigenschaften wie gewöhnliche Teilchen, jedoch mit entgegengesetzten elektrischen Ladungen und anderen quantenmechanischen Eigenschaften, aufweisen.

Die Untersuchung der Wechselwirkung von Antimaterie mit gewöhnlicher Materie und Raumzeit eröffnet ein breites Spektrum an theoretischen Möglichkeiten und technologischen Herausforderungen. Antimaterie ist bekannt für ihre explosive Reaktion mit Materie, wenn sie auf sie trifft. Dies hat dazu geführt, dass Antimaterie bisher nur in winzigen Mengen erzeugt und kontrolliert werden kann. Dennoch könnte ihre Nutzung in der Raumzeitmanipulation bahnbrechende Konsequenzen haben.

Ein wichtiger Aspekt der Forschung im Bereich der Raumzeitmanipulation unter Verwendung von Antimaterie betrifft die Vorstellung von "Antimaterie-Antrieben". Diese theoretischen Antriebssysteme würden Antimaterie und Materie in gezielter Weise nutzen, um immense Energien freizusetzen und damit Raumzeitverzerrungen zu erzeugen. Diese Verzerrungen könnten dazu führen, dass Raumzeitkrümmungen auftreten, die es einem Raumschiff erlauben könnten, durch Wurmlöcher oder andere Raumzeitverzerrungen zu reisen.

Jedoch stehen der praktischen Umsetzung von Antimaterie-Antrieben derzeit noch zahlreiche technologische Hürden im Weg. Die Herstellung und Aufbewahrung von ausreichenden Mengen an Antimaterie erweist sich als äußerst anspruchsvoll. Antimaterie ist äußerst instabil und reagiert unmittelbar mit der umgebenden Materie. Um die Energieeffizienz und Kontrollierbarkeit solcher Antriebssysteme zu gewährleisten, sind noch erhebliche Fortschritte in der Antimaterie-Produktion und -Manipulation erforderlich.

Ein weiteres interessantes Phänomen im Zusammenhang mit Antimaterie ist die Möglichkeit, dass Antimaterie selbst eine Art "negative Masse" darstellen könnte. In der herkömmlichen Physik gibt es Materie mit positiver Masse und Gravitationseffekten, die durch die allgemeine Relativitätstheorie beschrieben werden. Die Vorstellung von negativer Masse, die sich im Wesentlichen entgegengesetzt zu den normalen Gravitationseffekten verhalten würde, könnte unkonventionelle Raumzeitverzerrungen erzeugen und somit ein Schlüssel zur Raumzeitmanipulation sein.

Eine besondere Erwähnung verdient auch die Idee der "Antimaterie-Spiegelwelt". Einige Theorien spekulieren darüber, dass Antimaterie nicht nur eine Gegenstück zur gewöhnlichen Materie ist, sondern dass es ganze "Spiegelwelten" aus Antimaterie-Universen geben könnte. Diese Hypothese könnte weitreichende Konsequenzen für die Raumzeitmanipulation haben, da Wechselwirkungen zwischen den verschiedenen Spiegelwelten möglicherweise Raumzeitverzerrungen erzeugen könnten, die für Zeitreisen genutzt werden könnten.

Trotz dieser vielversprechenden Ideen und theoretischen Modelle bleibt die Erforschung von Antimaterie und ihrer Rolle in der Raumzeitmanipulation eine der herausforderndsten und spekulativsten Bereiche der Forschung. Antimaterie ist nicht nur schwer zu erzeugen und zu kontrollieren, sondern es sind auch tiefgreifende theoretische Untersuchungen erforderlich, um die Wechselwirkungen zwischen Antimaterie, Materie und Raumzeit zu verstehen.

Zusammenfassend ist das Kapitel "Der Einfluss von Antimaterie auf Raumzeit und Zeitreisen" ein Einblick in eine äußerst komplexe und vielversprechende Facette der Forschung zur Raumzeit-manipulation. Die Untersuchung von Antimaterie-Antrieben, negativer Masse, Spiegelwelten und anderen Konzepten zeigt, wie tiefgründig die Verbindung zwischen Teilchenphysik, Quantenmechanik und Raumzeitmanipulation sein kann. Während es noch viele offene Fragen und technologische Hürden gibt, könnte die Erforschung von Antimaterie eines Tages zu revolutionären Durchbrüchen führen, die unsere Vorstellung von Zeit und Raum grundlegend verändern könnten.

7.7 Schwarze Löcher als natürliche Zeitmaschinen: Einblick in ihre Mechanismen

Das Kapitel "Schwarze Löcher als natürliche Zeitmaschinen: Einblick in ihre Mechanismen" widmet sich einer faszinierenden und weitreichenden Fragestellung im Bereich der Raumzeit-manipulation: Können Schwarze Löcher als natürliche Zeitmaschinen dienen und somit die Möglichkeit von Zeitreisen ermöglichen? Schwarze Löcher sind kosmische Objekte mit einer extremen Gravitation, die so stark ist, dass nicht einmal Licht ihnen entkommen kann. Diese Eigenschaften machen sie zu einem der rätselhaftesten und beeindruckendsten Phänomene im Universum.

Die Idee, dass Schwarze Löcher als natürliche Zeitmaschinen dienen könnten, stammt aus theoretischen Modellen, die von Physikern wie Kip Thorne und Michael Morris entwickelt wurden. Diese Modelle basieren auf den mathematischen Lösungen der allgemeinen Relativitätstheorie von Albert Einstein, die die Eigenschaften von Schwarzen Löchern beschreiben. Sie postulieren, dass es möglicherweise "Traversierbare Schwarze Löcher" gibt, die es ermöglichen könnten, von einem Ende des Schwarzen Lochs zum anderen zu gelangen und somit eine Art "Zeitschleife" zu durchlaufen.

Der Mechanismus hinter dieser Theorie beruht auf der Krümmung der Raumzeit um ein Schwarzes Loch herum. Wenn ein Schwarzes Loch rotiert, kann es eine Art "Wurmloch" in der Raumzeit erzeugen, das von einem Ende des Schwarzen Lochs zum anderen führt. Wenn ein Raumschiff in das Schwarze Loch eintaucht und durch das Wurmloch reist, könnte es theoretisch zu einem anderen Ort im Universum gelangen oder sogar in die eigene Vergangenheit zurückkreisen.

Allerdings sind solche Konzepte äußerst spekulativ und werfen viele Fragen auf. Eines der Hauptprobleme ist die extreme Gravitation in der Nähe eines Schwarzen Lochs, die dazu führen würde, dass ein Objekt, das in das Schwarze Loch eintaucht, in einem Prozess namens "Singularität" zermalmt wird. Die Theorie der Traversierbaren Schwarzen Löcher versucht, diesen Effekt zu umgehen, indem sie annimmt, dass der Übergang durch das Schwarze Loch ohne Katastrophe möglich ist.

Eine weitere Herausforderung besteht darin, die Stabilität und Durchquerbarkeit solcher Wurmlöcher zu gewährleisten. Die Bedingungen, die notwendig wären, um ein solches Wurmloch zu erzeugen und aufrechtzuerhalten, sind noch nicht gut verstanden. Außerdem gibt es auch noch viele offene Fragen im Hinblick auf Kausalität und Konsistenz, da die Idee von Zeitreisen durch Schwarze Löcher zu Paradoxien führen könnte, wie beispielsweise das berühmte Großvaterparadoxon.

Dennoch haben Forscher begonnen, sich intensiver mit den Mechanismen von Schwarzen Löchern und ihren möglichen Auswirkungen auf die Raumzeitmanipulation zu beschäftigen. Ein interessanter Aspekt ist die Untersuchung von Rotierenden Schwarzen Löchern, auch Kerr-Schwarze Löcher genannt, und ihre Fähigkeit, Wurmlöcher zu erzeugen. Die Analyse der mathematischen Eigenschaften dieser Schwarzen Löcher kann dazu beitragen, ein besseres Verständnis dafür zu entwickeln, wie Wurmlöcher in der Raumzeit entstehen könnten.

Darüber hinaus haben Fortschritte in der Theorie der Quantengravitation und der Quantenmechanik dazu geführt, dass einige Forscher die Möglichkeit von "weißen Löchern" in Betracht ziehen. Während Schwarze Löcher Materie und Licht einsaugen, könnten weiße Löcher genau das Gegenteil tun und Materie und Licht ausstrahlen. Einige Theorien spekulieren darüber, dass weiße Löcher als Ausgangspunkte für Wurmlöcher dienen könnten, die Raumzeitverzerrungen ermöglichen.

Insgesamt zeigt das Kapitel "Schwarze Löcher als natürliche Zeitmaschinen: Einblick in ihre Mechanismen" die faszinierenden Verbindungen zwischen den Konzepten der allgemeinen Relativitätstheorie, Schwarzen Löchern und Raumzeitmanipulation. Die Idee von Traversierbaren Schwarzen Löchern und

Wurmlöchern als natürliche Zeitmaschinen wirft viele Fragen und Möglichkeiten auf, die noch intensiver erforscht werden müssen. Die Herausforderungen in Bezug auf Gravitation, Singularitäten und Paradoxa sind jedoch nicht zu unterschätzen, und es wird weiterhin intensiver Forschung bedürfen, um zu klären, ob und wie Schwarze Löcher tatsächlich als Portale für Zeitreisen dienen könnten.

7.8 Die Rolle der Stringtheorie bei der Erklärung von Zeitreisen
Das Kapitel "Die Rolle der Stringtheorie bei der Erklärung von Zeitreisen" widmet sich einem hochkomplexen und faszinierenden Aspekt der modernen Physik, der sowohl Raumzeitmanipulation als auch die fundamentale Struktur des Universums betrifft: Die Stringtheorie. Die Stringtheorie ist ein theoretisches Rahmenwerk, das versucht, die Quantenmechanik und die allgemeine Relativitätstheorie zu vereinigen und somit eine "Theorie von Allem" zu schaffen. Sie postuliert, dass die fundamentalen Bausteine der Materie nicht punktförmige Teilchen sind, sondern winzige schwingende Strings oder Fäden, die in verschiedenen Dimensionen existieren.

Innerhalb der Stringtheorie ergeben sich Konzepte und Modelle, die weitreichende Auswirkungen auf die Möglichkeit von Zeitreisen haben könnten. Ein solches Konzept ist die Idee von "geschlossenen Zeitartigen Kurven" oder CTCs (Closed Timelike Curves). CTCs sind Pfade in der Raumzeit, auf denen ein Objekt in seine eigene Vergangenheit zurückkehren könnte. Dies eröffnet die Möglichkeit von Zeitreisen und paradoxen Situationen, in denen Ursache und Wirkung verwirrt werden könnten.

Die Stringtheorie versucht, die Existenz von CTCs durch die Verwendung von höheren Dimensionen und gekrümmter Raumzeit zu erklären. In dieser Theorie könnten Wurmlöcher oder Raumzeitverzerrungen so geformt sein, dass sie CTCs ermöglichen. Dies könnte dazu führen, dass ein Objekt, das durch ein Wurmloch reist, zu einem früheren Zeitpunkt in der Raumzeit erscheint. Allerdings sind die Mechanismen und mathematischen

Modelle, die dies unterstützen, äußerst komplex und haben viele offene Fragen und Unsicherheiten.

Ein wichtiger Punkt in der Diskussion um CTCs und Zeitreisen ist das Problem der Kausalität. Die Idee von CTCs könnte zu Paradoxa führen, bei denen Ursache und Wirkung miteinander vermischt werden. Beispielsweise könnte das berühmte "Großvaterparadoxon" auftreten, bei dem jemand in die Vergangenheit reist und verhindert, dass sein Großvater geboren wird, was dann zur Frage führt, wie die Zeitreise überhaupt möglich war. Die Stringtheorie bietet einige Lösungsansätze für solche Paradoxa, aber sie sind weit davon entfernt, endgültig geklärt zu sein.

Ein weiterer Ansatz in der Stringtheorie, der für Zeitreisen relevant ist, betrifft die Idee von "zeitartigen Branes" oder Zeitschichten. Branes sind hypothetische Objekte in der Stringtheorie, die in mehreren Dimensionen existieren und eine wichtige Rolle in der Raumzeitmanipulation spielen könnten. Einige Modelle der Stringtheorie postulieren, dass es möglicherweise Branes gibt, die als "Zeitschichten" fungieren und verschiedene Zeiten in der Raumzeit miteinander verbinden könnten.

Allerdings ist die Stringtheorie keineswegs unumstritten. Obwohl sie vielversprechende Ansätze zur Vereinigung der Grundkräfte der Physik bietet, hat sie bisher noch keine experimentelle Bestätigung gefunden. Ein großer Teil der Stringtheorie besteht aus mathematischen Konzepten und abstrakten Modellen, die schwer zu testen sind. Dies bedeutet, dass die Anwendung der Stringtheorie auf realistische Szenarien von Zeitreisen noch in einem sehr spekulativen Stadium ist.

Die Rolle der Stringtheorie bei der Erklärung von Zeitreisen zeigt deutlich, wie eng die Verknüpfung zwischen Grundlagenforschung in der Teilchenphysik und der Erforschung von Raumzeitmanipulation ist. Die Stringtheorie bietet faszinierende Möglichkeiten, wie Zeitreisen auf der Ebene der Quantenwelt und der fundamentalen Bausteine des Universums möglich sein könnten. Doch gleichzeitig stehen viele Herausforderungen und offene Fragen im Weg, die noch gelöst werden müssen.

Zusammenfassend beleuchtet das Kapitel "Die Rolle der Stringtheorie bei der Erklärung von Zeitreisen" die tiefgründigen Verbindungen zwischen Quantenmechanik, allgemeiner Relativitätstheorie, Raumzeitmanipulation und der Suche nach einer einheitlichen Theorie der Physik. Die Konzepte von CTCs, höheren Dimensionen und Zeitschichten innerhalb der Stringtheorie eröffnen neue Perspektiven auf die Möglichkeit von Zeitreisen, werfen aber auch viele Fragen zur Kausalität, Stabilität und Realisierbarkeit auf. Die Stringtheorie bleibt ein spannendes Forschungsgebiet, das möglicherweise eines Tages entscheidende Einblicke in die Natur der Zeit liefern könnte.

7.9 Raumfaltungen und Dimensionssprünge: Theorien und Konzepte

Das Kapitel "Raumfaltungen und Dimensionssprünge: Theorien und Konzepte" beschäftigt sich mit einer äußerst faszinierenden und spekulativen Idee im Bereich der Raumzeitmanipulation: der Möglichkeit, durch Raumfaltung oder Dimensionswechsel Zeitreisen zu ermöglichen. Diese Theorien und Konzepte gehen über herkömmliche Vorstellungen von Raum und Zeit hinaus und erkunden die Möglichkeit, die Raumzeit selbst zu biegen, zu falten oder sogar in andere Dimensionen zu springen.

Eine der bekanntesten Theorien in diesem Bereich ist die Idee von "Wurmlöchern" oder "Raumzeitverzerrungen", die bereits in anderen Kapiteln erwähnt wurden. Wurmlöcher wären Röhren oder Tunnel in der Raumzeit, die es erlauben würden, von einem Ort zum anderen zu gelangen, ohne die herkömmlichen Entfernungen zurückzulegen. Diese Wurmlöcher könnten genutzt werden, um in die Vergangenheit oder die Zukunft zu reisen. Allerdings sind die Stabilität und Durchquerbarkeit von Wurmlöchern noch ungeklärt, und die Frage nach ihrer Existenz bleibt weiterhin eine offene.

Ein weiteres interessantes Konzept sind "Dimensionswechsel" oder "Dimensionssprünge". Dieses Konzept basiert auf der Idee, dass unser Universum mehrere Dimensionen haben könnte, die über die uns bekannten vier (drei räumliche Dimensionen und eine Zeitdimension) hinausgehen. Wenn es möglich wäre, zwischen diesen Dimensionen zu wechseln oder sie zu beeinflussen, könnten neue Wege für Zeitreisen eröffnet werden. Allerdings sind solche Ideen sehr abstrakt und haben bisher wenig empirische Unterstützung.

Ein weiterer Ansatz betrifft die "Alcubierre-Metriken" oder "Warp-Antriebe", die bereits in anderen Kapiteln erwähnt wurden. Diese Theorie, die von Miguel Alcubierre vorgeschlagen wurde, postuliert die Möglichkeit, den Raum vor einem Raumfahrzeug zu komprimieren und den Raum hinter dem Raumfahrzeug auszudehnen. Dadurch bewegt sich das Raumfahrzeug auf einer sich verformenden Raumzeit und umgeht die Beschränkungen der Lichtgeschwindigkeit. Dies könnte theoretisch Zeitreisen ermöglichen, indem man sich schneller als das Licht bewegt, ohne dabei tatsächlich die Lichtgeschwindigkeit zu überschreiten.

Obwohl diese Theorien und Konzepte äußerst faszinierend sind, stehen sie vor vielen technischen und theoretischen Herausforderungen. Die Manipulation von Raumzeit, Wurmlöchern oder zusätzlichen Dimensionen erfordert eine tiefgreifende Kenntnis der fundamentalen Kräfte und Strukturen des Universums. Außerdem müssen viele offene Fragen in Bezug auf Energieanforderungen, Stabilität, Kausalität und Paradoxa gelöst werden.

Ein viel diskutiertes Thema in diesem Zusammenhang ist das "Chronology Protection Conjecture" von Stephen Hawking, das besagt, dass die Naturgesetze so beschaffen sind, dass sie die Entstehung von geschlossenen Zeitartigen Kurven verhindern würden, um die Kausalität zu bewahren und Paradoxa zu vermeiden. Diese Idee wirft weitere Fragen zur Vereinbarkeit von Zeitreisen mit den fundamentalen Prinzipien der Physik auf.

Ein interessanter Aspekt in der Diskussion um Raumfaltungen und Dimensionswechsel ist auch ihre Darstellung in der Populärkultur, insbesondere in Science-Fiction-Werken. Filme, Bücher und Fernsehserien nutzen oft diese Konzepte, um spannende Handlungsstränge zu entwickeln. Dabei werden nicht selten wissenschaftliche Ideen auf spektakuläre Weise interpretiert oder ausgeschmückt, was die Vorstellung von Raumzeitmanipulation in der öffentlichen Wahrnehmung prägt.

Zusammenfassend zeigt das Kapitel "Raumfaltungen und Dimensionssprünge: Theorien und Konzepte" die tiefgreifende Verbindung zwischen theoretischer Physik, Raumzeitmanipulation und der Suche nach neuen Möglichkeiten für Zeitreisen auf. Die Ideen von Wurmlöchern, Dimensionswechseln und Warp-Antrieben werfen faszinierende Möglichkeiten auf, wie Raumzeitverzerrungen und Dimensionsmanipulation zur Realisierung von Zeitreisen genutzt werden könnten. Allerdings stehen viele technische, theoretische und ethische Fragen im Raum, die noch weiter erforscht und diskutiert werden müssen, bevor diese Konzepte in der Realität umgesetzt werden könnten.

7.10 Der "Warpantrieb" und die Möglichkeit interstellarer Zeitreisen

Das Kapitel "Der 'Warpantrieb' und die Möglichkeit interstellarer Zeitreisen" widmet sich einem spekulativen und gleichzeitig faszinierenden Konzept in der Raumfahrttechnologie und Raumzeitmanipulation: dem Warpantrieb. Diese Idee, die oft in der Science-Fiction-Literatur und -Populärkultur vorkommt, wurde in den letzten Jahren verstärkt Gegenstand wissenschaftlicher Untersuchungen und Diskussionen. Der Warpantrieb könnte nicht nur die Grenzen der Lichtgeschwindigkeit überwinden, sondern auch die Möglichkeit interstellarer Reisen und möglicherweise sogar Zeitreisen eröffnen.

Die Grundidee des Warpantriebs basiert auf der Verzerrung oder Krümmung der Raumzeit, ähnlich wie es in der Alcubierre-Metrik beschrieben wird. Das Konzept wurde erstmals in den 1990er

Jahren von Miguel Alcubierre vorgeschlagen und wurde später von der Physikerin Dr. Harold White weiterentwickelt. Die Idee ist, eine Blase um das Raumfahrzeug zu erzeugen, die den Raum vor dem Fahrzeug zusammenzieht und den Raum hinter dem Fahrzeug ausdehnt. Dadurch bewegt sich das Fahrzeug nicht wirklich durch den Raum, sondern auf einer Art "Welle" oder "Warp" in der Raumzeit. Dies ermöglicht theoretisch Geschwindigkeiten, die schneller als das Licht sind, ohne dabei die Lichtgeschwindigkeit selbst zu überschreiten.

Die potenziellen Vorteile eines Warpantriebs sind enorm. Interstellare Reisen, die mit herkömmlichen Methoden unvorstellbar wären, könnten mit einem funktionierenden Warpantrieb möglich werden. Dies könnte die Menschheit dazu befähigen, andere Sterne und Galaxien zu erkunden, bisher unbekannte Welten zu erforschen und möglicherweise sogar nach außerirdischem Leben zu suchen. Darüber hinaus könnte ein Warpantrieb auch die Möglichkeit von Zeitreisen eröffnen, indem er es ermöglicht, den Raum um das Raumfahrzeug so zu manipulieren, dass es sich durch verschiedene Zeitpunkte bewegt.

Allerdings sind die Herausforderungen und Fragen, die mit der Idee des Warpantriebs verbunden sind, immens. Eine der Hauptfragen betrifft die benötigte Energie. Die Verzerrung der Raumzeit erfordert laut den bisherigen theoretischen Modellen eine erhebliche Menge an negativer Energie, die derzeit weder verstanden noch technologisch umsetzbar ist. Die Erzeugung und Kontrolle von negativer Energie sind bisher reine Spekulation und könnten die größte Hürde für die Umsetzung eines Warpantriebs sein.

Ein weiteres Problem ist die Stabilität des Warpantriebs. Theoretische Berechnungen haben ergeben, dass die Alcubierre-Metrik instabil sein könnte und es zu unkontrollierbaren Effekten kommen könnte. Beispielsweise könnten Teilchen in der Blase gefangen werden und eine starke Strahlung erzeugen, die das Raumfahrzeug und seine Insassen gefährden würde. Das

Verständnis und die Lösung dieser Stabilitätsfragen sind entscheidend, um die Machbarkeit eines Warpantriebs zu klären.

Ethische und soziale Fragen sind ebenfalls relevant. Die Einführung eines funktionierenden Warpantriebs würde eine Revolution in der Raumfahrt und der menschlichen Gesellschaft bedeuten. Es müssten Richtlinien und Regulierungen entwickelt werden, um sicherzustellen, dass interstellare Reisen verantwortungsbewusst und nachhaltig durchgeführt werden. Die Auswirkungen auf die Weltwirtschaft, Politik und das soziale Gefüge könnten tiefgreifend sein.

In der Science-Fiction-Literatur und -Populärkultur hat der Warpantrieb bereits viele faszinierende Geschichten inspiriert. Bekannte Beispiele sind die Warp-Technologie in "Star Trek" und ähnliche Konzepte in anderen Werken. Diese Darstellungen haben das Interesse an der Forschung und Diskussion um den Warpantrieb verstärkt, zeigen aber auch, wie stark wissenschaftliche Ideen von kreativen Interpretationen beeinflusst werden können.

Insgesamt verdeutlicht das Kapitel "Der 'Warpantrieb' und die Möglichkeit interstellarer Zeitreisen" die enge Verknüpfung zwischen wissenschaftlicher Forschung, Raumfahrttechnologie und Raumzeitmanipulation. Die Idee des Warpantriebs bietet spannende Perspektiven auf interstellare Reisen und Zeitreisen, ist aber gleichzeitig von vielen technischen, theoretischen und ethischen Herausforderungen begleitet. Die Forschung in diesem Bereich ist intensiv, aber es ist noch unklar, ob der Warpantrieb jemals realisiert werden kann oder ob er letztendlich in den Bereich der Science-Fiction bleibt. Dennoch bleibt die Faszination und Neugierde für diese Konzepte bestehen und treibt die Menschheit dazu an, das Unmögliche zu erforschen.

Kapitel 8: Ethik und Philosophie der Zeitreisen

8.1 Die Verantwortung von Zeitreisenden

Das Kapitel "Die Verantwortung von Zeitreisenden" wirft einen Blick auf eine ebenso faszinierende wie moralisch komplexe Dimension der Zeitreisethematik: die ethischen und sozialen Verantwortungen, die mit der Fähigkeit zur Zeitmanipulation einhergehen würden. Wenn Zeitreisen eines Tages realisiert werden könnten, entstünde nicht nur die Möglichkeit, die Vergangenheit zu verändern, sondern auch die potenzielle Gefahr von katastrophalen Auswirkungen auf die Gegenwart und Zukunft.

Die Idee der Verantwortung von Zeitreisenden greift eine grundlegende Frage auf: Wie sollte jemand, der die Fähigkeit zur Zeitreise besitzt, seine Macht nutzen? Die Möglichkeit, historische Ereignisse zu beeinflussen, könnte zu einer Vielzahl von Konsequenzen führen. Zum einen könnten wichtige historische Ereignisse manipuliert werden, um positive Entwicklungen zu fördern oder negative Ereignisse zu verhindern. Auf der anderen Seite könnten solche Eingriffe unvorhergesehene Nebenwirkungen und Paradoxa verursachen.

Ein prominentes Beispiel ist das "Großvaterparadoxon", das bereits in vorherigen Kapiteln erläutert wurde. Es beschreibt die Situation, in der ein Zeitreisender in die Vergangenheit reist und versehentlich verhindert, dass sein Großvater sich verliebt und heiratet. Dadurch könnte der Zeitreisende niemals geboren werden, was wiederum die Frage aufwirft, wie er dann überhaupt in die Vergangenheit reisen konnte, um diesen Eingriff vorzunehmen. Solche Paradoxa werfen Fragen nach der Konsistenz von Zeitreisen und den Auswirkungen auf die Raumzeit auf.

Ein weiteres ethisches Dilemma betrifft die Manipulation historischer Ereignisse zum Wohl der Menschheit. Wenn ein Zeitreisender in der Lage wäre, Kriege, Krankheiten oder andere Tragödien zu verhindern, stellt sich die Frage, ob er eine moralische Verpflichtung dazu hat. Allerdings könnte auch hier die

"Schmetterlingseffekt"-Idee zum Tragen kommen: Kleine Änderungen könnten unvorhersehbare Kettenreaktionen auslösen und möglicherweise zu noch schlimmeren Ereignissen führen.

Die Verantwortung von Zeitreisenden erstreckt sich auch auf die Vermeidung von "Zeitverbrechen" oder "temporalem Missbrauch". Das Hervorrufen von Ereignissen oder Informationen aus der Zukunft könnte zu einem Ungleichgewicht führen, da Wissen über zukünftige Entwicklungen in unfairer Weise genutzt werden könnte. Dies könnte zu Manipulationen, Betrug oder einer Ungleichverteilung von Ressourcen führen.

In der Populärkultur wird das Thema der Verantwortung von Zeitreisenden oft behandelt. Filme wie "Zurück in die Zukunft" oder "Butterfly Effect" illustrieren die möglichen Auswirkungen von kleinen Veränderungen in der Vergangenheit. Diese Darstellungen betonen oft, wie schwierig es sein kann, die richtige Entscheidung zu treffen, und wie die besten Absichten unerwartete Konsequenzen haben können.

Die Diskussion über die Verantwortung von Zeitreisenden erstreckt sich auch auf die Forschung und Entwicklung von Zeitreisetechnologien. Wissenschaftler und Ethiker müssen sorgfältig abwägen, welche Risiken und Nutzen mit solchen Technologien verbunden sind. Es könnten ethische Richtlinien entwickelt werden, um den verantwortungsbewussten Umgang mit Zeitmanipulation sicherzustellen. Auch rechtliche Aspekte wären zu berücksichtigen, insbesondere wenn es um temporale Einmischung in historische Ereignisse geht.

Insgesamt verdeutlicht das Kapitel "Die Verantwortung von Zeitreisenden" die komplexen moralischen Fragen, die mit der Idee der Zeitreisen verbunden sind. Die Möglichkeit, in die Vergangenheit oder Zukunft zu reisen, birgt nicht nur Potenzial für positive Veränderungen, sondern auch die Gefahr von Paradoxa, Instabilität und unvorhersehbaren Konsequenzen. Die Entscheidungen von Zeitreisenden könnten das Raumzeitgewebe und die menschliche Geschichte beeinflussen, und daher ist eine sorgfältige und ethische Abwägung von entscheidender Bedeutung. Die Diskussion über die Verantwortung von Zeitreisenden zeigt, wie eng Wissenschaft, Ethik und soziale Implikationen miteinander verwoben sind und wie tiefgreifend Zeitreisen unser Verständnis von Moral und Verantwortung herausfordern können.

8.2 Der Einfluss von Zeitreisen auf die Geschichte

Das Kapitel "Der Einfluss von Zeitreisen auf die Geschichte" widmet sich einer faszinierenden und zugleich komplexen Frage: Wie würden Zeitreisen die Geschichte der Menschheit beeinflussen, wenn sie technisch möglich wären? Diese Frage wirft nicht nur theoretische Überlegungen auf, sondern berührt auch historische, kulturelle und soziale Aspekte unseres Verständnisses von Vergangenheit, Gegenwart und Zukunft.

Eine der grundlegenden Vorstellungen von Zeitreisen ist, dass sie die Möglichkeit bieten könnten, historische Ereignisse zu verändern. Dies könnte zu einer Vielzahl von Szenarien führen, von kleinen Veränderungen im persönlichen Leben bis hin zu großen Umwälzungen in der Weltgeschichte. Die Auswirkungen könnten von positiven Verbesserungen bis hin zu katastrophalen Konsequenzen reichen.

Ein wichtiger Aspekt, der berücksichtigt werden muss, ist der "Schmetterlingseffekt". Diese Metapher besagt, dass selbst kleine Veränderungen in der Vergangenheit große Auswirkungen in der Zukunft haben könnten, ähnlich wie der Flügelschlag eines Schmetterlings auf der einen Seite der Welt einen Wirbelsturm auf der anderen Seite auslösen könnte. Diese Idee verdeutlicht, wie schwer vorhersehbar die Folgen von selbst kleinen Eingriffen sein könnten.

In der Populärkultur werden verschiedene Szenarien von Zeitreisen und ihrem Einfluss auf die Geschichte erkundet. Filme wie "Zeitreisen - Die Rückkehr der Temporalen" oder "12 Monkeys" zeigen, wie Zeitreisende versuchen, historische Ereignisse zu beeinflussen, um katastrophale Zukunftsszenarien zu verhindern. Dabei wird deutlich, wie komplexe und unberechenbare Kettenreaktionen entstehen können.

Ein weiteres interessantes Szenario betrifft die Idee der "verlorenen Zeitreisenden". Dies sind Personen, die in der Vergangenheit gestrandet sind und versuchen, sich in einer fremden Zeit zurechtzufinden. Solche Geschichten werfen Fragen nach kultureller Anpassung, technologischem Wissen und moralischen Dilemmata auf. Der Einfluss von "moderner" Technologie, Wissen und Ideen auf vergangene Kulturen könnte tiefgreifend sein und historische Entwicklungslinien beeinflussen.

Ein weniger offensichtlicher, aber dennoch bedeutender Einfluss von Zeitreisen auf die Geschichte ist die potenzielle Veränderung historischer Aufzeichnungen. Wenn Zeitreisende Ereignisse verändern, könnte dies zu einer Diskrepanz zwischen den Erinnerungen derjenigen, die die ursprüngliche Zeitlinie erlebt haben, und den neuen Ereignissen führen. Dies wirft die Frage auf, welche Version der Geschichte als "wahr" angesehen wird und wie historische Fakten interpretiert werden könnten.

Ein zentraler Aspekt, der im Zusammenhang mit dem Einfluss von Zeitreisen auf die Geschichte diskutiert wird, ist die Idee von "zeitlichen Parallelwelten" oder "verzweigten Zeitlinien". Diese Theorie besagt, dass jede Änderung in der Vergangenheit zu einer Abspaltung der Zeitlinie führen würde, wobei eine neue Realität entsteht. Dies würde bedeuten, dass jede Entscheidung, die ein Zeitreisender trifft, eine alternative Geschichte schafft. Dieses Konzept ermöglicht es, Paradoxa zu vermeiden, da Änderungen in der Vergangenheit die Gegenwart nicht beeinflussen würden, aus der der Zeitreisende kam.

Der Einfluss von Zeitreisen auf die Geschichte wirft auch Fragen nach der Autonomie von Individuen und der Determination von Ereignissen auf. Wenn Ereignisse der Vergangenheit verändert werden können, stellt sich die Frage, ob historische Akteure wirklich frei agierten oder ob ihre Handlungen letztendlich von Zeitreisenden gesteuert wurden. Dies berührt philosophische Debatten über Freiheit, Kausalität und das Konzept der "geschichtlichen Notwendigkeit".

Ein weiterer interessanter Aspekt betrifft die Art und Weise, wie Zeitreisen historische Erzählungen beeinflussen könnten. Historiker würden vor die Herausforderung gestellt, zwischen den verschiedenen Versionen der Geschichte zu unterscheiden und ihre Validität zu bestimmen. Die Interpretation von historischen Ereignissen könnte stark variieren, da Zeitreisen neue Perspektiven eröffnen würden.

Schließlich hat der Einfluss von Zeitreisen auf die Geschichte auch Auswirkungen auf unser Verständnis von Identität und Kultur. Wenn alternative Zeitlinien existieren könnten, würden verschiedene Versionen einer Person oder einer Gesellschaft nebeneinander existieren. Dies könnte zu einer Relativierung von Identität und Kultur führen und die Frage aufwerfen, was es bedeutet, "authentisch" oder "original" zu sein.

Insgesamt verdeutlicht das Kapitel "Der Einfluss von Zeitreisen auf die Geschichte" die Komplexität der Auswirkungen, die die Fähigkeit zur Zeitmanipulation auf die menschliche Geschichte hätte. Die Möglichkeit, historische Ereignisse zu beeinflussen, könnte zu weitreichenden Veränderungen führen, sowohl auf individueller als auch auf globaler Ebene. Dabei würden nicht nur technische und wissenschaftliche Aspekte eine Rolle spielen, sondern auch ethische, kulturelle und philosophische Fragestellungen. Die Diskussion über den Einfluss von Zeitreisen auf die Geschichte zeigt, wie tiefgreifend und facettenreich diese Thematik unser Verständnis von Zeit, Identität und menschlicher Entwicklung beeinflussen könnte.

8.3 Ethik der Beeinflussung vergangener Ereignisse
Die Ethik der Beeinflussung vergangener Ereignisse ist ein äußerst komplexes und faszinierendes Thema, das im Kontext von

Zeitreisen auftritt. Es geht dabei um die moralischen und philosophischen Fragen, die sich aus der Möglichkeit ergeben, durch Zeitmanipulation in vergangene Ereignisse einzugreifen. Diese Thematik wirft zahlreiche Überlegungen auf, die von den ethischen Konsequenzen individueller Handlungen bis hin zu den Auswirkungen auf ganze Gesellschaften und den Lauf der Geschichte reichen.

Ein zentraler Aspekt der Ethik der Beeinflussung vergangener Ereignisse ist die Frage nach dem "richtigen" oder "guten" Handeln. Wenn Zeitreisen es ermöglichen, vergangene Ereignisse zu ändern, stellt sich die Frage, ob man in der Lage oder sogar verpflichtet ist, in die Geschichte einzugreifen, um Leid zu verhindern oder positive Veränderungen herbeizuführen. Dies wirft die Frage nach der Verantwortung von Zeitreisenden auf, ihre Fähigkeiten zum Wohl der Menschheit einzusetzen.

Jedoch sind die ethischen Implikationen nicht immer eindeutig. Eine Handlung, die auf den ersten Blick gut erscheint, könnte unvorhergesehene negative Konsequenzen haben. Der Schmetterlingseffekt, bei dem kleine Veränderungen große Auswirkungen haben können, verdeutlicht die Unvorhersehbarkeit der Folgen von Handlungen. Dies führt zu einem ethischen Dilemma: Wie kann man sicherstellen, dass man nicht unbeabsichtigt mehr Schaden als Nutzen anrichtet?

Ein weiteres Problem betrifft die Autonomie der historischen Akteure. Wenn Zeitreisende in die Vergangenheit eingreifen, könnten sie die Handlungsfreiheit von Menschen aus vergangenen Zeiten einschränken. Dies wirft die Frage auf, ob es moralisch vertretbar ist, in die Entscheidungen von Individuen aus der Vergangenheit einzugreifen, selbst wenn dies zum vermeintlichen "Guten" geschieht. Es stellt sich die Frage, ob solche Eingriffe als respektlos oder sogar paternalistisch angesehen werden könnten.

Die Ethik der Beeinflussung vergangener Ereignisse berührt auch den Begriff der "Geschichtsverantwortung". Dieser Begriff bezieht sich auf die Vorstellung, dass Menschen eine Verantwortung für die Vergangenheit tragen und aus den Fehlern und Erfolgen der Geschichte lernen sollten. Wenn Zeitreisen es ermöglichen, negative Ereignisse zu verhindern, könnte dies dazu führen, dass Menschen die Lektionen der Geschichte nicht mehr auf die gleiche Weise schmerzhaft erfahren. Dies wirft die Frage auf, ob solche Eingriffe das menschliche Wachstum und die moralische Entwicklung beeinflussen könnten.

Ein weiteres ethisches Dilemma betrifft die Idee von "historischem Determinismus". Dies ist die Vorstellung, dass historische Ereignisse eine bestimmte Richtung nehmen und dass Versuche, in die Vergangenheit einzugreifen, letztendlich nutzlos sind. Diese Sichtweise könnte zu fatalistischen Haltungen führen, die darauf hindeuten, dass jede Veränderung ohnehin vorbestimmt ist und nicht verhindert werden kann.

Die Diskussion über die Ethik der Beeinflussung vergangener Ereignisse berührt auch das Konzept der "kulturellen Authentizität". Wenn Zeitreisen es ermöglichen, historische Ereignisse zu ändern, könnte dies zu Veränderungen in Kulturen und Traditionen führen. Dies könnte zu einer Verfälschung der kulturellen Identität führen und die Frage aufwerfen, ob es moralisch vertretbar ist, in die Entwicklung von Kulturen einzugreifen.

Ein weiteres interessantes Thema betrifft die "Ethik des Wissens". Wenn Zeitreisen es ermöglichen, Informationen aus der Vergangenheit in die Gegenwart zu bringen, stellt sich die Frage nach dem rechtmäßigen Besitz von Wissen. Zeitreisende könnten historische Geheimnisse offenlegen oder Technologien in die Vergangenheit bringen, die zu einer beschleunigten Entwicklung führen könnten. Dies könnte zu einem Ungleichgewicht führen und soziale, wirtschaftliche und politische Instabilität verursachen.

Die ethischen Überlegungen im Zusammenhang mit der Beeinflussung vergangener Ereignisse haben auch Auswirkungen auf die rechtliche Dimension. Wer würde über die Autorität und das

Recht verfügen, in die Vergangenheit einzugreifen? Wie könnten solche Handlungen reguliert und kontrolliert werden? Dies wirft Fragen nach internationaler Zusammenarbeit, diplomatischen Beziehungen und globaler Governance auf.

In der Literatur und im Film werden diese ethischen Dilemmata oft erkundet. Geschichten wie "Die Zeitmaschine" von H.G. Wells oder "Butterfly Effect" zeigen, wie Zeitreisende mit moralischen Entscheidungen konfrontiert werden, die weitreichende Konsequenzen haben könnten. Solche Darstellungen verdeutlichen, wie die Ethik der Beeinflussung vergangener Ereignisse nicht nur theoretisch, sondern auch emotional und psychologisch anspruchsvoll ist.

Insgesamt verdeutlicht das Kapitel "Ethik der Beeinflussung vergangener Ereignisse" die komplexen moralischen und philosophischen Fragen, die sich aus der Möglichkeit von Zeitreisen ergeben. Die Thematik berührt fundamentale Aspekte menschlicher Moral, Verantwortung und Autonomie. Dabei geht es nicht nur um die Frage, ob man in die Vergangenheit eingreifen sollte, sondern auch darum, wie man solche Entscheidungen treffen würde und welche Konsequenzen sie haben könnten. Die Diskussion über die Ethik der Beeinflussung vergangener Ereignisse verdeutlicht, wie tiefgreifend und vielschichtig die Auswirkungen von Zeitmanipulation auf unsere Werte und Überzeugungen sein könnten.

8.4 Paradoxa und Konsequenzen ethischer Entscheidungen

Das Kapitel "Paradoxa und Konsequenzen ethischer Entscheidungen" beschäftigt sich mit den komplexen Herausforderungen und widersprüchlichen Auswirkungen, die aus den ethischen Entscheidungen bei Zeitreisen resultieren können. Die Thematik beleuchtet die tiefgreifenden Paradoxa und Dilemmata, die auftreten, wenn Zeitreisende versuchen, ethisch verantwortungsbewusste Entscheidungen zu treffen, während sie gleichzeitig mit den unvorhersehbaren Folgen ihrer Handlungen konfrontiert sind.

Eines der zentralen Paradoxa ist das berühmte „Großvater-paradoxon". Dieses Paradoxon entsteht, wenn ein Zeitreisender in die Vergangenheit reist und dort versucht, die Handlungen seiner eigenen Großeltern so zu verändern, dass seine eigene Geburt verhindert wird. Dadurch entsteht eine scheinbare Unmöglichkeit: Wenn der Zeitreisende nie geboren wurde, wie konnte er dann überhaupt in die Vergangenheit reisen, um seine Großeltern zu beeinflussen? Dieses Paradoxon verdeutlicht die Schwierigkeiten bei dem Versuch, in die eigene Vergangenheit einzugreifen, ohne sich selbst auszulöschen.

Ein weiteres Paradoxon betrifft die Idee der "selbst"-Zeitreisen. Stellen Sie sich vor, ein Individuum reist in die Vergangenheit und begegnet seinem jüngeren Selbst. Dies könnte zu einer unendlichen Schleife von Ereignissen führen, bei der das ältere Ich das jüngere Ich beeinflusst, das dann in die Vergangenheit reist und das jüngere Ich beeinflusst, und so weiter. Dies wirft die Frage auf, wie Identität und Veränderung in einer solchen Schleife funktionieren würden.

Die ethischen Entscheidungen von Zeitreisenden können auch unvorhergesehene "Zeitparadoxa" verursachen. Zum Beispiel könnte der Versuch, ein negatives Ereignis zu verhindern, zu einer alternativen Zeitlinie führen, in der andere Ereignisse auftreten, die ebenfalls negative Konsequenzen haben. Dies wirft die Frage auf, ob es überhaupt möglich ist, die Vergangenheit so zu ändern, dass nur positive Ergebnisse entstehen.

Die Konsequenzen ethischer Entscheidungen bei Zeitreisen sind oft widersprüchlich und schwer vorhersehbar. Wenn ein Zeitreisender versucht, ein schreckliches Ereignis zu verhindern, könnte dies dazu führen, dass andere schlimme Ereignisse auftreten. Oder der Versuch, die Welt zu verbessern, könnte zu einer Verschlechterung führen, da die komplexen Wechselwirkungen zwischen Ereignissen nicht immer vorhersehbar sind. Dies wirft die Frage auf, wie Zeitreisende ethische Entscheidungen treffen sollten, wenn die Folgen so ungewiss sind.

Ein weiteres Dilemma betrifft die Frage nach der "richtigen" Zeitlinie. Wenn Zeitreisende in die Vergangenheit reisen und dort Handlungen vornehmen, um Ereignisse zu ändern, welche Version der Geschichte wird dann "richtig" oder "wahr"? Gibt es überhaupt eine objektive Realität, oder werden alle möglichen Zeitlinien gleichzeitig existieren? Dies wirft die Frage auf, wie wir Wahrheit und Realität definieren können, wenn Zeitreisen unterschiedliche Versionen der Geschichte hervorbringen könnten.

Die ethischen Konsequenzen von Zeitreisen können auch das Konzept der "historischen Integrität" beeinträchtigen. Wenn Zeitreisende in die Vergangenheit eingreifen und historische Ereignisse verändern, könnte dies die Authentizität und Integrität der Geschichte selbst in Frage stellen. Dies wirft die Frage auf, wie wir historische Fakten und Erzählungen bewerten können, wenn Zeitreisen die Möglichkeit bieten, sie zu verändern.

Ein weiteres interessantes Dilemma betrifft die Verantwortung von Zeitreisenden für die Folgen ihrer Handlungen. Wenn Zeitreisende in die Vergangenheit eingreifen, könnten sie die Verantwortung für Ereignisse übernehmen, die in der ursprünglichen Zeitlinie nicht auf sie zurückzuführen waren. Dies wirft die Frage auf, wie man Verantwortung und Schuld in einer Welt bewertet, in der Zeitreisen die Ursache von Ereignissen verändern können.

In der Literatur und im Film werden diese Paradoxa und Konsequenzen oft erforscht. Geschichten wie "Zeitreisende sterben nicht" von Jack McDevitt oder "Predestination" von Robert A. Heinlein zeigen, wie Zeitreisende mit den unerwarteten Auswirkungen ihrer Handlungen konfrontiert werden. Diese Darstellungen verdeutlichen, wie komplex und ambivalent die Folgen ethischer Entscheidungen bei Zeitreisen sein können.

Insgesamt verdeutlicht das Kapitel "Paradoxa und Konsequenzen ethischer Entscheidungen" die tiefgreifenden und vielschichtigen Fragen, die sich aus den ethischen Entscheidungen bei Zeitreisen ergeben. Die Paradoxa und Dilemmata verdeutlichen, wie schwierig es sein kann, vorherzusagen, wie Handlungen in der Zeit die Realität verändern könnten, und wie die Suche nach ethisch richtigen Entscheidungen oft von unvorhersehbaren Konsequenzen begleitet wird. Die Diskussion über die Paradoxa und Konsequenzen ethischer Entscheidungen betont die Notwendigkeit eines sorgfältigen und reflektierten Umgangs mit der Möglichkeit von Zeitmanipulation und die Anerkennung der Grenzen unseres Verständnisses von Ursache und Wirkung.

8.5 Der moralische Dilemma der Kontrolle über die Zeit

Das Kapitel "Der moralische Dilemma der Kontrolle über die Zeit" behandelt die ethischen und philosophischen Fragen, die sich aus der Vorstellung ergeben, die Kontrolle über die Zeit zu haben. Diese Thematik beleuchtet die komplexen moralischen Überlegungen und Dilemmata, die auftreten, wenn Individuen oder Gesellschaften die Möglichkeit haben, die Zeit zu manipulieren und somit die Vergangenheit, Gegenwart und Zukunft zu beeinflussen.

Ein zentrales moralisches Dilemma besteht darin, ob es überhaupt legitim ist, in die Zeit einzugreifen und Ereignisse zu verändern. Die Fähigkeit, vergangene Ereignisse zu manipulieren, wirft Fragen nach Verantwortung, Moral und Freiheit auf. Wenn Menschen die Macht haben, Ereignisse zu ändern, welche Kriterien könnten sie verwenden, um zu entscheiden, welche Ereignisse geändert werden sollten und welche nicht? Dies führt zu einer tiefgreifenden Auseinandersetzung mit der Verantwortung, die mit der Zeitmanipulation einhergeht.

Ein weiteres moralisches Dilemma betrifft die Auswirkungen der Zeitmanipulation auf das individuelle Schicksal und die Selbstbestimmung. Wenn jemand in die Vergangenheit reist, um sein eigenes Leben zu verändern, könnte dies zu einer neuen Realität führen, in der wichtige Entscheidungen und Erfahrungen verschwinden. Dies wirft die Frage auf, ob es moralisch gerechtfertigt ist, das individuelle Leben auf diese Weise zu beeinflussen, und ob Menschen das Recht haben, über die Lebenswege anderer zu bestimmen.

Die Kontrolle über die Zeit kann auch dazu führen, dass Menschen versuchen, die Zukunft vorherzusagen oder zu gestalten. Dies wirft ethische Fragen nach Vorbestimmung und Determinismus auf. Wenn Menschen die Zukunft kennen oder beeinflussen können, wie wirkt sich dies auf die Freiheit der individuellen Entscheidung aus? Können wir überhaupt von freien Entscheidungen sprechen, wenn die Zukunft vorherbestimmt ist oder wenn wir versuchen, sie nach unseren Wünschen zu formen?

Ein weiteres Dilemma betrifft die gerechte Verteilung der Zeitmanipulationstechnologie. Wenn diese Technologie existiert, wer sollte Zugang dazu haben? Sollten nur bestimmte Individuen, Institutionen oder Länder die Macht haben, die Zeit zu beeinflussen? Dies wirft Fragen nach sozialer Gerechtigkeit, Machtungleichheit und ethischer Verantwortung auf.

Die Kontrolle über die Zeit kann auch dazu führen, dass Menschen versuchen, historische Fehler zu korrigieren, wie zum Beispiel Kriege, Genozide oder Ungerechtigkeiten. Dies wirft jedoch Fragen nach der Authentizität der Geschichte auf. Wenn wir die Vergangenheit ändern, um Fehler zu korrigieren, welche Auswirkungen hat das auf unser Verständnis von Vergangenheit und Gegenwart? Verlieren wir wichtige Lektionen aus der Geschichte, wenn wir versuchen, ihre negativen Aspekte zu löschen?

Die moralischen Dilemmata der Kontrolle über die Zeit haben auch Auswirkungen auf die Identität und die menschliche Natur. Wenn Menschen die Fähigkeit haben, Ereignisse zu ändern, könnten sie sich von den Konsequenzen ihrer Handlungen entfremden, da sie wissen, dass sie immer die Möglichkeit haben, alles rückgängig zu machen. Dies wirft Fragen nach Verantwortung, Konsequenzen und moralischer Entwicklung auf.

In der Literatur und im Film werden diese ethischen Dilemmata oft erkundet. Geschichten wie "The Time Machine" von H.G. Wells oder "Looper" von Rian Johnson zeigen, wie Charaktere mit den moralischen Entscheidungen und Konsequenzen der Zeitmanipulation konfrontiert werden. Diese Darstellungen verdeutlichen die vielschichtigen und ambivalenten Aspekte der Kontrolle über die Zeit und die schwerwiegenden moralischen Überlegungen, die damit einhergehen.

Insgesamt verdeutlicht das Kapitel "Der moralische Dilemma der Kontrolle über die Zeit" die komplexen und tiefgreifenden Fragen, die sich aus der Vorstellung ergeben, die Zeit zu manipulieren. Die ethischen Dilemmata verdeutlichen, wie wichtig es ist, sorgfältig über die Folgen unserer Handlungen nachzudenken und die moralischen Auswirkungen der Zeitmanipulation zu berücksichtigen. Die Diskussion über die moralischen Dilemmata der Kontrolle über die Zeit betont die Notwendigkeit eines reflektierten und verantwortungsbewussten Umgangs mit der Möglichkeit von Zeitreisen und die Anerkennung der komplexen Auswirkungen, die solche Technologien auf individuelle und kollektive Handlungen haben könnten.

8.6 Temporale Gerechtigkeit und soziale Auswirkungen

Das Kapitel "Temporale Gerechtigkeit und soziale Auswirkungen" beleuchtet die vielschichtigen Aspekte der Gerechtigkeit im Kontext von Zeitreisen und Zeitmanipulation. Die Idee, die Zeit zu beeinflussen, wirft nicht nur ethische und philosophische Fragen auf, sondern hat auch erhebliche soziale Auswirkungen, die sorgfältige Betrachtung verdienen.

Die Frage nach temporaler Gerechtigkeit bezieht sich darauf, wie die Möglichkeit von Zeitreisen und die damit verbundene Kontrolle über Vergangenheit und Zukunft gerecht verteilt werden können. Wenn bestimmte Individuen oder Gruppen Zugang zur Zeitmanipulation haben, könnten sie einen erheblichen Vorteil gegenüber anderen erlangen. Dies wirft Fragen nach sozialer Ungleichheit, Machtmissbrauch und Chancengleichheit auf. Temporale Gerechtigkeit erfordert die Überlegung, wie die Technologie der Zeitmanipulation für das Wohl der gesamten

Gesellschaft genutzt werden kann, ohne bestimmte Gruppen zu benachteiligen.

Ein weiterer wichtiger Aspekt betrifft die sozialen Auswirkungen der Zeitmanipulation auf historische Ereignisse und kollektive Erinnerungen. Wenn Menschen die Möglichkeit haben, in die Vergangenheit einzugreifen, um historische Fehler zu korrigieren oder Ereignisse umzuschreiben, könnte dies zu einer Verfälschung der Geschichte führen. Historische Wahrheiten könnten verwischt werden, und das kollektive Gedächtnis einer Gesellschaft könnte verändert werden. Dies wirft Fragen nach der Authentizität von Geschichte und Erinnerung auf und hat weitreichende Auswirkungen auf die Konstruktion von Identität und kultureller Kontinuität.

Die sozialen Auswirkungen von Zeitreisen betreffen auch das Verhältnis zwischen individueller Autonomie und sozialer Ordnung. Die Möglichkeit, Ereignisse zu verändern, könnte zu einer chaotischen Abfolge von Ereignissen führen, die das soziale Gefüge destabilisieren. Gleichzeitig könnte die Kontrolle über die Zeit von autoritären Kräften missbraucht werden, um die individuelle Freiheit einzuschränken. Dies wirft Fragen nach der Balance zwischen individueller Autonomie und gesellschaftlicher Stabilität auf und erfordert Überlegungen darüber, wie die Kontrolle über die Zeit im Einklang mit dem Gemeinwohl genutzt werden kann.

Die sozialen Auswirkungen der Zeitmanipulation betreffen auch die Art und Weise, wie Menschen Beziehungen zueinander aufbauen und pflegen. Wenn Menschen die Fähigkeit haben, die Vergangenheit zu ändern, könnte dies zu einem Bruch in zwischenmenschlichen Beziehungen führen. Menschen könnten das Vertrauen in die Beständigkeit von Beziehungen verlieren, da Ereignisse und Erinnerungen verändert werden könnten. Dies wirft Fragen nach Verbindlichkeit, Vertrauen und zwischenmenschlicher Integrität auf und erfordert eine tiefgreifende Auseinandersetzung mit den sozialen Folgen der Zeitmanipulation.

Ein wichtiger Aspekt der sozialen Auswirkungen betrifft die ökonomischen Konsequenzen der Zeitmanipulation. Wenn Menschen die Möglichkeit haben, vergangene Ereignisse zu ändern, könnten sie versuchen, finanzielle Gewinne aus der Vorhersage von Marktentwicklungen oder historischen Ereignissen zu erzielen. Dies könnte zu wirtschaftlicher Ungleichheit und Manipulation führen. Die Frage nach ökonomischer Gerechtigkeit im Kontext der Zeitmanipulation erfordert die Überlegung, wie der Zugang zur Zeitmanipulation reguliert werden kann, um unfairen wirtschaftlichen Vorteilen entgegenzuwirken.

Die sozialen Auswirkungen von Zeitreisen betreffen auch die Kommunikation und den Informationsaustausch. Die Möglichkeit, in die Vergangenheit zu reisen, könnte zu einer Veränderung der Kommunikationsdynamik führen, da Informationen aus der Zukunft in die Vergangenheit übertragen werden könnten. Dies wirft Fragen nach Informationszuverlässigkeit, Manipulation und Wahrheitsfindung auf. Die Art und Weise, wie Informationen genutzt werden, um soziale Veränderungen zu beeinflussen, steht im Mittelpunkt dieser Überlegungen.

In Literatur, Film und anderen Medien werden die sozialen Auswirkungen von Zeitmanipulation oft erkundet. Geschichten wie "The Butterfly Effect" von Eric Bress und J. Mackye Gruber oder "Minority Report" von Philip K. Dick thematisieren, wie die Kontrolle über die Zeit soziale Strukturen beeinflussen kann. Diese Darstellungen verdeutlichen die komplexen Wechselwirkungen zwischen individuellen Entscheidungen, sozialen Dynamiken und den Auswirkungen von Zeitmanipulation auf die Gesellschaft.

Zusammenfassend verdeutlicht das Kapitel "Temporale Gerechtigkeit und soziale Auswirkungen" die tiefgreifenden und weitreichenden Konsequenzen, die Zeitreisen und Zeitmanipulation auf die soziale Ordnung und zwischenmenschliche Beziehungen haben können. Die Betrachtung von temporaler Gerechtigkeit erfordert die Auseinandersetzung mit Fragen nach Macht, Gerechtigkeit, sozialer Stabilität und individueller Freiheit. Die

Diskussion über die sozialen Auswirkungen der Zeitmanipulation betont die Notwendigkeit einer verantwortungsbewussten Nutzung solcher Technologien und einer sorgfältigen Berücksichtigung der Auswirkungen auf die Gesellschaft als Ganzes.

8.7 Ethik im Umgang mit zukünftigem Wissen und Technologie

Das Kapitel "Ethik im Umgang mit zukünftigem Wissen und Technologie" widmet sich den komplexen moralischen Fragestellungen, die sich aus dem Erwerb und der Anwendung von zukünftigem Wissen und Technologie ergeben. Im Kontext von Zeitreisen und Zeitmanipulation spielen diese Fragen eine zentrale Rolle, da sie sowohl individuelle Entscheidungen als auch gesellschaftliche Entwicklungen beeinflussen können.

Die ethischen Überlegungen beginnen mit der Frage nach der Legitimität des Erwerbs von zukünftigem Wissen. Wenn Zeitreisende Informationen aus der Zukunft nutzen, um wissenschaftliche Entdeckungen oder technologische Fortschritte zu machen, stellt sich die Frage, ob dies als Diebstahl von Wissen betrachtet werden sollte. Der Zugriff auf zukünftiges Wissen könnte das kreative Potenzial gegenwärtiger Wissenschaftler und Forscher mindern und zu unfairen Wettbewerbsvorteilen führen. Die ethische Bewertung solcher Handlungen erfordert die Abwägung zwischen dem Streben nach Erkenntnis und der Achtung gegenüber dem intellektuellen Eigentum anderer.

Ein weiteres ethisches Dilemma betrifft den Einsatz von zukünftiger Technologie zum Wohl der Menschheit. Wenn Zeitreisende Technologien aus der Zukunft in die Gegenwart bringen, um beispielsweise medizinische Fortschritte oder umweltfreundliche Energiequellen zu nutzen, stellt sich die Frage nach den langfristigen Konsequenzen. Während solche Handlungen potenziell positive Auswirkungen haben könnten, könnten sie auch unvorhersehbare Nebeneffekte haben und das Gleichgewicht in der Natur und der Gesellschaft stören. Die ethische Dimension liegt in der Abwägung zwischen kurzfristigem Nutzen und langfristiger Stabilität.

Eine weitere ethische Herausforderung bezieht sich auf den Einfluss von zukünftigem Wissen auf individuelle Entscheidungen. Wenn Menschen Kenntnisse über ihre persönliche Zukunft haben, könnte dies ihr Verhalten und ihre Entscheidungen beeinflussen. Dies könnte zu einer Form der Selbsterfüllung führen, bei der Vorhersagen über die Zukunft diese Zukunft tatsächlich beeinflussen. Dies wirft Fragen nach Autonomie, Determinismus und der Verantwortung für die eigenen Handlungen auf. Die ethische Reflexion betrifft die Art und Weise, wie solches Wissen genutzt wird und welche Auswirkungen es auf die individuelle Freiheit hat.

Die ethischen Überlegungen im Umgang mit zukünftigem Wissen und Technologie haben auch Auswirkungen auf das Verhältnis zwischen Gegenwart, Zukunft und Vergangenheit. Die Manipulation der Zeit kann zu einer Art "temporalem Kolonialismus" führen, bei dem die Gegenwart die Zukunft beeinflusst und kontrolliert. Dies wirft Fragen nach Verantwortung, Machtverteilung und kultureller Einflussnahme auf. Die ethische Auseinandersetzung erfordert die Berücksichtigung der Perspektiven aller Zeiten und die Wahrung der Integrität der verschiedenen Zeitlinien.

Ein zentrales Thema im Zusammenhang mit der Ethik des zukünftigen Wissens ist die Verantwortung gegenüber kommenden Generationen. Wenn Menschen die Zukunft beeinflussen, können sie auch das Erbe für zukünftige Generationen gestalten. Dies beinhaltet die Verantwortung, keine Entscheidungen zu treffen, die langfristige Schäden verursachen oder die Entwicklung künftiger Gesellschaften beeinträchtigen könnten. Die ethische Überlegung betrifft die Frage, wie die heutige Generation eine nachhaltige und gerechte Zukunft für nachfolgende Generationen gestalten kann.

Die ethischen Herausforderungen im Umgang mit zukünftigem Wissen und Technologie haben auch Auswirkungen auf das Verhältnis zwischen Menschheit und Natur. Die Manipulation der Zeit könnte dazu führen, dass Menschen in die natürlichen Abläufe eingreifen und diese verändern. Dies wirft Fragen nach Respekt vor der Natur, ökologischer Integrität und dem Verständnis menschlicher Verantwortung auf. Die ethische Reflexion erfordert die Berücksichtigung der Konsequenzen für die Umwelt und das Ökosystem.

Die ethische Betrachtung im Zusammenhang mit zukünftigem Wissen und Technologie bezieht auch philosophische Überlegungen ein. Die Frage nach dem "richtigen" Umgang mit Zeitreisen und zukünftigem Wissen berührt grundlegende Konzepte von Moral, Ethik und Verantwortung. Diese Überlegungen werfen letztlich die Frage nach dem Sinn und Zweck der Menschheit und ihrer Rolle im Universum auf.

Die Literatur und Medien haben die ethischen Dimensionen des Umgangs mit zukünftigem Wissen und Technologie vielfach behandelt. Werke wie "The Minority Report" von Philip K. Dick oder "The Time Traveler's Wife" von Audrey Niffenegger ergründen die ethischen Implikationen von Zeitreisen und Technologie in unterschiedlichen Kontexten. Solche Darstellungen regen zur Reflexion über die Verantwortung im Umgang mit zukünftigem Wissen an und veranschaulichen die Komplexität der damit verbundenen moralischen Fragen.

Zusammenfassend verdeutlicht das Kapitel "Ethik im Umgang mit zukünftigem Wissen und Technologie" die tiefgreifenden moralischen Überlegungen, die mit Zeitreisen und Zeitmanipulation einhergehen. Die ethische Reflexion betrifft die Legitimität des Erwerbs von Wissen, den Einsatz von Technologie zum Wohl der Menschheit, die Auswirkungen auf individuelle Entscheidungen, das Verhältnis zwischen Gegenwart, Zukunft und Vergangenheit, die Verantwortung gegenüber kommenden Generationen, das Verhältnis zur Natur und die grundlegenden philosophischen Fragen. Die Diskussion über diese ethischen Aspekte betont die Bedeutung eines verantwortungsbewussten und nachhaltigen Umgangs mit zukünftigem Wissen und Technologie im Einklang mit den Werten und Zielen der Menschheit.

8.8 Die philosophische Natur der Zeit: Ontologische Überlegungen

Das Kapitel "Die philosophische Natur der Zeit: Ontologische Überlegungen" widmet sich den tiefgreifenden Fragen und Debatten über die Natur der Zeit in philosophischer Hinsicht. Diese Überlegungen stehen im Zentrum der Diskussionen über Zeitreisen, da sie das fundamentale Verständnis von Zeit und Realität beeinflussen.

Die ontologische Debatte um die Natur der Zeit beginnt mit der Frage, ob die Zeit objektiv existiert oder lediglich eine subjektive Konstruktion des menschlichen Geistes ist. Einige Philosophen vertreten die Auffassung, dass Zeit eine reale Entität ist, die unabhängig von menschlicher Wahrnehmung existiert. Andere argumentieren, dass Zeit eine Abstraktion ist, die durch die Abfolge von Ereignissen entsteht. Diese Diskussion hat Auswirkungen auf die Möglichkeit von Zeitreisen, da die Definition von Zeit das Konzept der Manipulation der Zeit beeinflusst.

Ein weiteres zentrales Thema ist die Frage nach der Richtung der Zeit. Die Vorstellung von Zeit als einer gerichteten Abfolge von Ereignissen führt zur Konzeption von Vergangenheit, Gegenwart und Zukunft. Einige Philosophen argumentieren, dass die physikalische Zeitumkehrbarkeit auf subatomarer Ebene darauf hinweist, dass die Zeit keine absolute Richtung hat. Die ethischen Implikationen dieser Vorstellungen werden diskutiert, da sie Auswirkungen auf die Art und Weise haben könnten, wie Menschen die Zeit wahrnehmen und beeinflussen.

Die Debatte über die Einheit der Zeit wirft die Frage auf, ob die Zeit als eine zusammenhängende Einheit existiert oder ob sie aus diskreten Momenten besteht. Einige Philosophen vertreten die Auffassung, dass die Zeit eine stetige Kontinuität aufweist, während andere die Vorstellung von diskreten Zeitpunkten bevorzugen. Die Konsequenzen dieser Ansichten für Zeitreisen werden untersucht, da die Art und Weise, wie die Zeit strukturiert ist, Auswirkungen auf die Möglichkeit von Reisen in verschiedene Zeitpunkte hat.

Ein zentrales Thema in der ontologischen Diskussion ist die Frage nach dem Verhältnis von Zeit und Raum. Einige Philosophen betrachten Zeit und Raum als unabhängige Entitäten, während andere die Vorstellung einer "Raumzeit" favorisieren, in der Raum und Zeit untrennbar miteinander verbunden sind. Diese Debatte beeinflusst das Verständnis von Zeitreisen, da es sich auf die Möglichkeit von Raumzeitverkrümmungen und Wurmlöchern auswirken könnte.

Die philosophische Natur der Zeit wirft auch Fragen nach der Existenz von Parallelwelten und möglichen Realitäten auf. Einige Theorien schlagen vor, dass es unendlich viele parallele Zeitlinien gibt, in denen unterschiedliche Entscheidungen und Ereignisse stattfinden. Diese Überlegungen haben Auswirkungen auf das Konzept von Zeitreisen, da sie alternative Realitäten und mögliche Interaktionen zwischen ihnen einschließen.

Die ontologische Debatte betrifft auch die Frage nach dem freien Willen in einer Welt, in der Zeitreisen möglich sind. Wenn die Zeit nicht als gerichtete Abfolge von Ereignissen verstanden wird, sondern als ein mehrdimensionales Geflecht von Möglichkeiten, wirft dies Fragen nach Determinismus, Vorherbestimmung und Kontrolle auf. Philosophen diskutieren, ob Zeitreisen den freien Willen beeinflussen könnten und ob es möglich ist, Entscheidungen rückwirkend zu ändern.

Die Diskussion über die philosophische Natur der Zeit wird in der Literatur und Kunst häufig behandelt. Werke wie "Die Zeitmaschine" von H.G. Wells oder Filme wie "Interstellar" von Christopher Nolan erkunden die tiefgreifenden philosophischen Fragen im Zusammenhang mit Zeitreisen und zeichnen verschiedene Vorstellungen von Zeit und Realität nach. Diese Darstellungen regen zur Reflexion über die Bedeutung und Interpretation von Zeit an und veranschaulichen die Komplexität der ontologischen Debatte.

Zusammenfassend verdeutlicht das Kapitel "Die philosophische Natur der Zeit: Ontologische Überlegungen" die tiefgehenden philosophischen Fragen, die mit Zeitreisen und Zeitmanipulation verbunden sind. Die Diskussion um die objektive Existenz der Zeit, die Richtung der Zeit, die Einheit der Zeit, das Verhältnis von Zeit und Raum, die Existenz von Parallelwelten, den freien Willen und andere Fragen beeinflusst das grundlegende Verständnis von Zeit und Realität. Die philosophischen Überlegungen betonen die Bedeutung einer kritischen Reflexion über die Grundlagen des menschlichen Wissens und Verstehens und regen zu einer vertieften Auseinandersetzung mit der Natur der Zeit an.

8.9 Freiheit, Determinismus und Zeitreisen

Das Kapitel "Freiheit, Determinismus und Zeitreisen" behandelt die komplexen philosophischen Fragestellungen im Zusammenhang mit der Möglichkeit von Zeitreisen und ihrem potenziellen Einfluss auf den freien Willen und Determinismus.

Die Diskussion über die Auswirkungen von Zeitreisen auf den freien Willen beginnt mit der Frage, ob die Zukunft bereits festgelegt ist oder ob sie durch unsere Entscheidungen und Handlungen geformt wird. Deterministen argumentieren, dass alle Ereignisse durch vorherige Ursachen vorherbestimmt sind, während Vertreter des freien Willens betonen, dass individuelle Entscheidungen unabhängig von vorherigen Ursachen getroffen werden können. Zeitreisen werfen die Frage auf, ob es möglich wäre, in die Vergangenheit oder Zukunft zu reisen und Ereignisse zu beeinflussen, oder ob jede Änderung bereits vorherbestimmt wäre.

Ein bekanntes Paradoxon in diesem Zusammenhang ist das "Großvater-Paradoxon", bei dem eine Person in die Vergangenheit reist und versucht, ihren eigenen Großvater zu töten, bevor dieser Kinder bekommt. Dies führt zu einer scheinbaren logischen Inkonsistenz: Wenn die Person ihren Großvater tötet, kann sie nie geboren werden, was wiederum bedeutet, dass sie ihren Großvater nicht getötet hat. Philosophen und Physiker haben verschiedene Lösungsansätze für solche Paradoxa vorgeschlagen, darunter die

Idee von Parallelwelten oder eine Anpassung der Kausalität in einer Zeitreisewelt.

Die Diskussion über Freiheit und Determinismus in Verbindung mit Zeitreisen erstreckt sich auch auf die Frage, ob das Zeitreisen selbst durch die bereits vorherbestimmte Zukunft bestimmt ist. Dies wirft die Frage auf, ob Zeitreisen einen Ausdruck des freien Willens darstellen oder ob sie lediglich dazu führen, vorherbestimmte Ereignisse zu erfüllen. Die Konzepte von Zeit und Kausalität werden neu überdacht, wenn Zeitreisen als Möglichkeit in Betracht gezogen werden.

Ein weiteres ethisches Dilemma ergibt sich aus der Idee der "Selbst"-Zeitreisen, bei denen eine Person in die eigene Vergangenheit oder Zukunft reist. Die Frage, ob eine Person in der Lage wäre, sich selbst zu beeinflussen oder zu verändern, wirft die Vorstellung von Identität und Kontinuität auf. Philosophen diskutieren, ob solche Reisen zu einem paradoxen Zustand führen könnten, in dem die Identität der Person fragwürdig wird, oder ob sie zu einem alternativen Verständnis von Selbst führen könnten, das mit zeitlicher Flexibilität in Einklang steht.

Die Diskussion über Freiheit und Determinismus im Kontext von Zeitreisen reicht auch in die Bereiche der Ethik und Moral. Die Möglichkeit, in die Vergangenheit zu reisen und Ereignisse zu verändern, wirft die Frage auf, ob es moralisch gerechtfertigt wäre, in die Geschichte einzugreifen, um Leid oder Unrecht zu verhindern. Philosophen und Ethiker debattieren darüber, ob die Kenntnis zukünftiger Ereignisse die Verantwortung zur Einflussnahme auf die Geschichte mit sich bringt oder ob es ethisch verwerflich wäre, in die Entwicklung der Welt einzugreifen.

Die Diskussion über Freiheit, Determinismus und Zeitreisen wird auch in literarischen Werken und der Populärkultur häufig aufgegriffen. Science-Fiction-Geschichten wie "Der Zeitmaschinen-Roman" von H.G. Wells oder Filme wie "Zurück in die Zukunft" illustrieren die vielschichtigen ethischen und philosophischen

Fragen im Zusammenhang mit Zeitreisen und laden zum Nachdenken über die Auswirkungen von freiem Willen und Determinismus ein.

Zusammenfassend verdeutlicht das Kapitel "Freiheit, Determinismus und Zeitreisen" die tiefgehenden philosophischen Überlegungen im Kontext von Zeitmanipulation und ihrer möglichen Auswirkungen auf den freien Willen und Determinismus. Die Debatte über vorherbestimmte Ereignisse, das Großvater-Paradoxon, die Frage nach der Selbst-Identität in der Zeit, ethische Dilemmata und die Verantwortung von Zeitreisenden sind zentrale Aspekte dieser Diskussion. Die philosophischen Überlegungen eröffnen neue Perspektiven auf die Natur der Zeit, das Wesen der Realität und die Beziehung zwischen Mensch und Welt.

8.10 Zeitreisen als Spiegel der menschlichen Moral und Werte

Im Kapitel "Zeitreisen als Spiegel der menschlichen Moral und Werte" werden die vielschichtigen Aspekte der menschlichen Moral und Wertvorstellungen im Kontext von Zeitreisen erörtert. Zeitreisen in der Literatur, Kunst und Film bieten eine einzigartige Möglichkeit, ethische Fragestellungen und menschliche Werte zu erforschen und zu reflektieren.

Eine zentrale Frage, die in diesem Zusammenhang aufgeworfen wird, betrifft die Verantwortung von Zeitreisenden für ihre Handlungen und die Auswirkungen auf die Geschichte. Zeitreisende könnten die Möglichkeit haben, historische Ereignisse zu verhindern oder zu beeinflussen, um Leid und Unrecht zu verhindern. Dies wirft ethische Dilemmata auf, da die Frage entsteht, ob es richtig oder moralisch gerechtfertigt ist, in die Vergangenheit einzugreifen, selbst wenn dies positive Konsequenzen haben könnte. Hierbei werden auch Überlegungen zur Beziehung zwischen individueller Verantwortung und kollektivem Wohl angestellt.

Ein weiteres ethisches Thema betrifft die Achtung der individuellen Freiheit und Autonomie. Zeitreisen könnten die Möglichkeit bieten, das Verhalten von Einzelpersonen zu beeinflussen oder gar zu manipulieren, um eine vermeintlich bessere Zukunft zu schaffen. Dies wirft Fragen nach dem Respekt vor den Entscheidungen und dem individuellen Lebensweg von Menschen auf. Die Diskussion erstreckt sich auf die Bedeutung der Vielfalt von Lebenserfahrungen und die ethische Notwendigkeit, persönliche Freiheit zu respektieren, selbst wenn es verlockend erscheint, die Geschichte zu lenken.

Die Reflexion über Zeitreisen als Spiegel menschlicher Moral und Werte beinhaltet auch Überlegungen zur menschlichen Hybris und Überlegenheitsdenken. In vielen Geschichten führt der Versuch, die Zeit zu manipulieren, oft zu unvorhergesehenen und negativen Konsequenzen. Diese Erzählungen dienen als Warnung vor den Risiken und Folgen von Eingriffen in die Geschichte und erinnern daran, dass die Menschheit nicht immer die Kontrolle über die Konsequenzen ihrer Handlungen hat.

Ein interessanter Aspekt ist auch die Idee, dass die menschliche Moral und Ethik im Laufe der Zeit und in verschiedenen Kulturen unterschiedlich interpretiert werden. Zeitreisen könnten dazu verwendet werden, die Entwicklung von Moralvorstellungen und Wertesystemen im Laufe der Geschichte zu erkunden. Dies könnte dazu führen, dass Zeitreisende mit ethischen Dilemmata konfrontiert werden, die auf unterschiedlichen moralischen Standpunkten und sozialen Normen beruhen.

Die Darstellung von Zeitreisen in der Kunst und Literatur kann auch dazu dienen, gesellschaftliche Anliegen und moralische Botschaften zu vermitteln. Zeitreisende könnten als Repräsentation von Forschung, Fortschritt und der Frage nach Verantwortung angesehen werden. Diese Geschichten können als Medium genutzt werden, um das Publikum dazu anzuregen, über moralische Entscheidungen und ihre Konsequenzen nachzudenken.

Ein weiteres interessantes Thema ist die Möglichkeit, die menschliche Suche nach Sinn und Bedeutung im Kontext von

Zeitreisen zu untersuchen. Zeitreisen könnten als metaphorische Reise betrachtet werden, um die eigene Identität und Lebensgeschichte besser zu verstehen. Dies könnte zu Reflexionen über den Sinn des Lebens und die Frage führen, ob es eine vorherbestimmte Bestimmung gibt oder ob der individuelle Weg durch freie Entscheidungen geformt wird.

Die Rolle von Zeitreisen als Spiegel der menschlichen Moral und Werte spiegelt sich auch in aktuellen wissenschaftlichen und philosophischen Debatten wider. Die Entwicklung von Technologien und die zunehmende Möglichkeit von Zeitmanipulation erfordern eine ernsthafte Auseinandersetzung mit den ethischen Implikationen. Wissenschaftler, Ethiker und Philosophen diskutieren intensiv darüber, wie die menschlichen Werte und moralischen Grundsätze in einer Zeitreisewelt angewendet werden sollten.

Zusammenfassend verdeutlicht das Kapitel "Zeitreisen als Spiegel der menschlichen Moral und Werte" die komplexen ethischen und moralischen Fragestellungen, die mit der Möglichkeit von Zeitmanipulation einhergehen. Die Diskussion erstreckt sich auf die Verantwortung von Zeitreisenden, die Achtung individueller Freiheit, die Reflexion über menschliche Hybris, die Untersuchung unterschiedlicher Moralvorstellungen in der Zeit und die Verwendung von Zeitreisen als künstlerisches und literarisches Medium. Diese Überlegungen eröffnen Einblicke in die Natur der Menschheit, die Vielfalt von ethischen Standpunkten und die tiefgehende Verbindung zwischen Zeitreisen und den moralischen Grundlagen menschlichen Handelns.

Kapitel 9: Zeitreisen in der Literatur und Populärkultur

9.1 Zeitreisen als literarisches Motiv: Von Wells bis zur Gegenwart

Im neunten Kapitel "Zeitreisen als literarisches Motiv: Von Wells bis zur Gegenwart" wird die faszinierende Geschichte der Verwendung von Zeitreisen als literarisches Motiv von ihren Anfängen bis zur modernen Literatur und Populärkultur erforscht. Zeitreisen haben die Phantasie von Autoren und Lesern gleichermaßen beflügelt und dienen als kreatives Werkzeug, um komplexe Geschichten zu erzählen, philosophische Ideen zu erkunden und die menschliche Vorstellungskraft zu erweitern.

Die Anfänge dieses Motivs reichen bis in das 19. Jahrhundert zurück, als H.G. Wells' berühmter Roman "Die Zeitmaschine" im Jahr 1895 veröffentlicht wurde. In dieser Geschichte reist ein Erfinder in die ferne Zukunft und erlebt eine Welt, die von sozialer Klassenschichtung geprägt ist. Wells' Werk war wegweisend für die Darstellung von Zeitreisen in der Literatur und setzte den Grundstein für viele spätere Werke.

Im Laufe der Zeit haben zahlreiche Autoren das Motiv der Zeitreisen aufgegriffen und weiterentwickelt. Ein bekanntes Beispiel ist Ray Bradburys "Ein Sound von Donner" aus dem Jahr 1952, in dem die Hauptfigur versehentlich in der Zeit zurückreist und die Zukunft dadurch unwiderruflich verändert. Die Darstellung von Zeitreisen wurde vielfältiger und komplexer, wobei Autoren verschiedene Ansätze wählten, um die technologischen, philosophischen oder sogar magischen Aspekte von Zeitmanipulation zu erforschen.

Die literarische Verwendung von Zeitreisen ermöglicht es Autoren, eine Vielzahl von Themen zu behandeln. Ein zentrales Thema ist die Idee des "Was-wäre-wenn?" – die Möglichkeit, alternative Realitäten und Verläufe der Geschichte zu erkunden. Autoren können damit experimentieren, wie kleine Veränderungen in der Vergangenheit große Auswirkungen auf die Gegenwart haben könnten, was zu fesselnden und oft nachdenklichen Handlungssträngen führt.

Die Literatur nutzt auch Zeitreisen, um philosophische Fragen zu erörtern, darunter die Natur der Zeit, die Bedeutung von Identität und die Suche nach Sinn. Zeitreisen eröffnen Möglichkeiten zur Auseinandersetzung mit Schicksal, freiem Willen und dem Einfluss von Entscheidungen auf das individuelle Leben und die Gesellschaft. Diese komplexen Themen werden oft durch Charaktere verkörpert, die vor moralische Entscheidungen gestellt werden, die die Grundlagen ihres Lebens erschüttern.

Ein weiterer Aspekt, der in der Literatur häufig behandelt wird, ist die Herausforderung und Gefahr von Paradoxa. Autoren erkunden die Idee von Großväterparadoxien, in denen eine Person in der Zeit reist und Ereignisse verändert, die ihre eigene Existenz beeinflussen könnten. Solche Paradoxa bieten spannende Rätsel und Denkanstöße, wie Zeitreisen in sich geschlossen und logisch konsistent gestaltet werden können.

Mit dem Aufkommen der modernen Populärkultur haben Zeitreisen in der Literatur einen breiten Einfluss auf Filme, Fernsehserien, Videospiele und andere Medien ausgeübt. Werke wie "Zurück in die Zukunft" und "Doctor Who" haben Zeitreisen zu einem festen Bestandteil der Unterhaltung gemacht und die Vielfalt der Möglichkeiten weiter ausgebaut. In diesen Medien wird oft der unterhaltsame und abenteuerliche Aspekt von Zeitreisen betont, während gleichzeitig philosophische und ethische Überlegungen eingewoben werden.

Die Entwicklung des literarischen Motivs der Zeitreisen spiegelt auch die Veränderungen in der Gesellschaft, Technologie und Philosophie wider. Während ältere Werke wie Wells' "Die Zeitmaschine" oft eine utopische oder dystopische Vision der Zukunft präsentierten, haben moderne Autoren die Ambivalenz und Komplexität der Auswirkungen von Zeitmanipulation erkannt. Die

Fähigkeit, in die Vergangenheit oder Zukunft zu reisen, birgt nicht nur Chancen, sondern auch Risiken und Verantwortung.

Abschließend verdeutlicht das Kapitel "Zeitreisen als literarisches Motiv: Von Wells bis zur Gegenwart" die reiche Geschichte und die vielfältigen Facetten von Zeitreisen in der Literatur. Von den Anfängen mit H.G. Wells bis zur modernen Populärkultur haben Autoren Zeitreisen genutzt, um Geschichten zu erzählen, philosophische Ideen zu erkunden, ethische Dilemmata zu reflektieren und die Vorstellungskraft der Leser zu fesseln. Die Vielfalt der Ansätze und Themen, die durch dieses Motiv behandelt werden, spiegelt die Tiefe der menschlichen Neugier und Kreativität wider.

9.2 Zeitreisen in Film und Fernsehen
Im neunten Kapitel "Zeitreisen in Film und Fernsehen" wird die faszinierende Welt der Zeitreisen in der visuellen Medienlandschaft von ihren Anfängen bis zur modernen Zeit erforscht. Filme und Fernsehserien haben Zeitreisen zu einem beliebten und vielseitigen Motiv gemacht, das die Zuschauer in fesselnde Geschichten voller Abenteuer, Dramatik und philosophischer Überlegungen entführt.

Der Einsatz von Zeitreisen in Film und Fernsehen begann bereits in den frühen Tagen des Kinos. Eines der bekanntesten Beispiele ist der Stummfilm "Eine Reise ins Glück" (1903) von Georges Méliès, in dem ein Mann mithilfe einer Zeitmaschine in die Ferne Zukunft reist. Dieser Film setzte den Grundstein für die Verwendung von Zeitreisen als visuelles Spektakel und kreatives Element in der Filmkunst.

Mit dem Fortschreiten der Filmtechnologie und der Entwicklung von Spezialeffekten wurde es möglich, immer beeindruckendere Darstellungen von Zeitreisen zu kreieren. Ein Meilenstein in dieser Hinsicht war Robert Zemeckis' "Zurück in die Zukunft" (1985), der die Abenteuer des jungen Marty McFly in die Vergangenheit und zurück in die Gegenwart erzählt. Die Filmtrilogie kombiniert humorvolle Elemente, Sci-Fi-Action und komplexe Paradoxa zu einem ikonischen Beispiel für das Zeitreisemotiv im Film.

Ein weiteres populäres Beispiel ist die langjährige britische TV-Serie "Doctor Who", die seit 1963 läuft und den Doktor, einen Zeitreisenden mit der Fähigkeit zur Regeneration, in verschiedene historische und zukünftige Szenarien schickt. Die Serie bietet nicht nur Science-Fiction-Abenteuer, sondern integriert auch moralische und philosophische Fragen in ihre Handlungsstränge.

Zeitreisen in Film und Fernsehen dienen oft als Werkzeug zur Erkundung komplexer Themen. Sie ermöglichen es den Machern, alternative Realitäten, futuristische Gesellschaften und vergangene Epochen zu erschaffen. Dabei werden nicht nur technologische Aspekte von Zeitreisen beleuchtet, sondern auch die Auswirkungen auf menschliche Beziehungen, Identität und ethische Entscheidungen.

Das Zeitreisemotiv bietet außerdem Raum für tiefgreifende philosophische Überlegungen. Filme wie "Source Code" (2011) von Duncan Jones erforschen die Idee der Kontinuität des Bewusstseins und der Möglichkeit, die Vergangenheit zu verändern. Christopher Nolans "Inception" (2010) präsentiert ein komplexes Geflecht von Traumebenen, das an das Konzept der Zeitreisen erinnert und die Natur der Realität infrage stellt.

Ein wichtiger Aspekt von Zeitreisen in Film und Fernsehen ist die Darstellung von Paradoxa und den Herausforderungen, die mit der Manipulation von Zeit einhergehen. Das "Großvaterparadoxon" – die Idee, dass eine Veränderung der Vergangenheit die eigene Existenz verhindern könnte – wird oft auf kreative Weise behandelt. Filme wie "12 Monkeys" (1995) von Terry Gilliam und "Predestination" (2014) von den Spierig Brothers spielen mit den Konzepten von Vorherbestimmung und freiem Willen.

Die Darstellung von Zeitreisen in der visuellen Medienlandschaft reicht von unterhaltsamen Abenteuern bis hin zu tiefgründigen, philosophischen Reflexionen. Filme wie "Interstellar" (2014) von Christopher Nolan nutzen die Theorie der Relativität, um eine emotionale Verbindung zwischen Raumzeit und Menschheit herzustellen. Andere Werke wie "Primer" (2004) von Shane Carruth setzen auf komplizierte Handlungsstrukturen und technische Details, um die Zuschauer in ein Labyrinth aus Paradoxa zu führen.

Die moderne Populärkultur hat Zeitreisen zu einem festen Bestandteil der Unterhaltungslandschaft gemacht, und es gibt zahlreiche Film- und Fernsehwerke, die das Thema in unterschiedlichen Facetten behandeln. Ob als Grundlage für Superheldengeschichten wie "Avengers: Endgame" (2019) oder als Element von Dramen wie "About Time" (2013) von Richard Curtis – Zeitreisen bieten eine breite Palette von Möglichkeiten, um sowohl epische Abenteuer als auch intime Charakterstudien zu erzählen.

Neben der Unterhaltung haben Filme und Fernsehserien mit Zeitreisemotiven auch dazu beigetragen, das Interesse der Zuschauer für wissenschaftliche Konzepte zu wecken. Sie können komplexe Ideen der Physik, Philosophie und Ethik auf verständliche und fesselnde Weise vermitteln. Dies hat dazu geführt, dass viele Menschen sich tiefer mit Themen wie Raumzeit, Paradoxa und Kausalität auseinandersetzen und die Verbindung zwischen Fiktion und Realität erkennen.

Insgesamt verdeutlicht das Kapitel "Zeitreisen in Film und Fernsehen" die starke Präsenz und den Einfluss von Zeitreisen als Motiv in visuellen Medien. Filme und Fernsehserien haben die Möglichkeit genutzt, komplexe Ideen zu erforschen, moralische Dilemmata zu beleuchten und das Publikum auf unterhaltsame Weise zu fordern. Die Vielfalt der Interpretationen und Ansätze zeigt, dass Zeitreisen ein zeitloses Thema sind, das immer wieder fasziniert und inspiriert.

9.3 Die Darstellung von Zeitreisen in Computerspielen

Das Kapitel "Die Darstellung von Zeitreisen in Computerspielen" widmet sich der aufregenden Welt der Videospielindustrie, in der

Zeitreisen zu einem fesselnden und vielseitigen Element geworden sind. Computerspiele bieten Spielern die einzigartige Möglichkeit, interaktiv in verschiedene Zeitepochen einzutauchen, Paradoxa zu erleben und ihre eigenen Entscheidungen im Kontext der Zeitmanipulation zu treffen.

Seit den frühen Tagen der Videospielentwicklung haben Entwickler das Potenzial von Zeitreisen als erzählerisches und spielerisches Element erkannt. Spiele wie "Chrono Trigger" (1995) von Square Enix haben das Konzept der Zeitreisen genutzt, um eine faszinierende Geschichte mit mehreren Enden und verschiedenen Zeitebenen zu erschaffen. Spieler können in diesem Spiel die Vergangenheit und Zukunft beeinflussen, während sie sich durch rundenbasierte Kämpfe und komplexes Storytelling bewegen.

Ein weiteres bemerkenswertes Beispiel ist "Prince of Persia: The Sands of Time" (2003) von Ubisoft. Dieses Spiel ermöglicht es dem Spieler, die Zeit zurückzuspulen, um Fehler zu korrigieren und anspruchsvolle Rätsel zu lösen. Die Zeitmanipulation wird dabei nahtlos in das Gameplay integriert und verleiht dem Spieler ein Gefühl von Kontrolle über die Zeit.

Mit dem Fortschreiten der Technologie sind auch die Möglichkeiten der Darstellung von Zeitreisen in Computerspielen gewachsen. Spiele wie "Braid" (2008) von Jonathan Blow nutzen komplexe Rätsel, die auf Zeitreisen basieren, um die kognitive Herausforderung zu erhöhen. Spieler müssen die Zeit zu ihrem Vorteil nutzen, um Hindernisse zu überwinden und schwierige Aufgaben zu meistern.

In vielen Videospielen ermöglichen Zeitreisen nicht nur ein tiefes Eintauchen in die Spielwelt, sondern bieten auch verschiedene narrative Pfade und Enden, je nach den getroffenen Entscheidungen. "Life is Strange" (2015) von Dontnod Entertainment ist ein episodisches Abenteuerspiel, das die Zeitmanipulation nutzt, um die Handlung voranzutreiben und moralische Dilemmata zu präsentieren. Die Entscheidungen der

Spieler beeinflussen nicht nur den Verlauf der Geschichte, sondern auch die Beziehungen zwischen den Charakteren.

Zeitreisen in Computerspielen ermöglichen es den Spielern auch, historische Epochen zu erkunden. "Assassin's Creed" (2007) von Ubisoft kombiniert Action-Gameplay mit historischen Elementen, indem es Spieler in verschiedene historische Zeiträume versetzt. Spieler können historische Ereignisse beeinflussen und wichtige Persönlichkeiten der Geschichte treffen, während sie durch die Zeit reisen.

Die Darstellung von Paradoxa und Zeitmanipulation in Videospielen kann zu komplexen und fesselnden Erzählungen führen. "Zero Escape: Virtue's Last Reward" (2012) von Chunsoft stellt Spieler vor moralische Entscheidungen, die verschiedene Zeitschleifen und Enden beeinflussen. Die Spieler werden dazu gezwungen, mehrere Szenarien zu erleben, um die wahre Natur der Geschichte zu verstehen.

Aber nicht nur erzählerische Elemente profitieren von Zeitreisen in Computerspielen – auch die Spielerfahrung selbst kann transformiert werden. Virtual-Reality-Spiele wie "Superhot VR" (2016) von Superhot Team erlauben es Spielern, die Zeit durch ihre eigene Bewegung zu kontrollieren. Die Kombination aus räumlicher Bewegung und Zeitmanipulation erzeugt ein einzigartiges und immersives Spielerlebnis.

Zeitreisen in Computerspielen bieten nicht nur Spaß und Unterhaltung, sondern können auch eine intellektuelle Herausforderung darstellen. Spiele wie "The Witness" (2016) von Jonathan Blow setzen auf komplexe Rätsel und eine offene Welt, in der die Spieler die zugrunde liegenden Muster der Spielmechanik und der Umgebung verstehen müssen. Zeitreisen können dabei als metaphorisches Element dienen, um die Spieler dazu zu bringen, über ihre Handlungen und Entscheidungen nachzudenken.

Die Darstellung von Zeitreisen in Computerspielen eröffnet auch Raum für philosophische Überlegungen. Spiele wie "Steins;Gate" (2009) von 5pb. nutzen Zeitreisen als Hintergrund für Diskussionen über Kausalität, Parallelwelten und die Auswirkungen von Entscheidungen. Diese Spiele bieten den Spielern nicht nur die Möglichkeit, die Mechanismen der Zeitmanipulation zu erleben, sondern auch über die philosophischen Konzepte nachzudenken, die damit verbunden sind.

Die Popularität von Zeitreisen in Computerspielen zeigt sich auch in der Vielfalt der Genres, in denen das Motiv verwendet wird. Von Action-Adventures über Rätselspiele bis hin zu Rollenspielen – Zeitreisen bieten eine breite Palette von Möglichkeiten, um Spieler in fesselnde und emotionale Geschichten einzubinden. Die Interaktion mit der Zeit als Spielelement verleiht den Spielerlebnissen oft eine einzigartige und tiefgreifende Dimension.

Insgesamt verdeutlicht das Kapitel "Die Darstellung von Zeitreisen in Computerspielen" die reiche Vielfalt und Kreativität, die in der Videospielindustrie bei der Nutzung des Zeitreisemotivs vorhanden ist. Die Möglichkeit, in verschiedene Zeitepochen einzutauchen, Paradoxa zu erleben und die Zeit selbst zu manipulieren, eröffnet faszinierende Spielerlebnisse und ermöglicht den Spielern, tief in komplexe Welten einzutauchen. Die Darstellung von Zeitreisen in Computerspielen zeigt einmal mehr, wie diese faszinierende Konzept in verschiedenen Medienformen genutzt wird, um Geschichten zu erzählen, philosophische Fragen zu stellen und Spieler zu fesseln.

9.4 Popkulturelle Einflüsse auf wissenschaftliche Diskussionen

Im neunten Kapitel "Popkulturelle Einflüsse auf wissenschaftliche Diskussionen" wird die faszinierende Wechselwirkung zwischen populärer Kultur und wissenschaftlichen Diskussionen im Kontext von Zeitreisen beleuchtet. Popkultur, einschließlich Filme, Fernsehsendungen, Bücher, Comics und mehr, hat einen erheblichen Einfluss darauf, wie die Öffentlichkeit wissenschaftliche Konzepte wie Zeitreisen wahrnimmt und versteht. Gleichzeitig können wissenschaftliche Ideen und Theorien aus der Forschung in der Popkultur aufgegriffen und verarbeitet werden, was zu einem interessanten Dialog zwischen Fiktion und Realität führt.

Die Darstellung von Zeitreisen in der Popkultur hat oft dazu beigetragen, komplexe wissenschaftliche Konzepte für ein breiteres Publikum zugänglich zu machen. Filme wie "Zurück in die Zukunft" (1985) von Robert Zemeckis haben das Konzept der Zeitreisen auf humorvolle und unterhaltsame Weise präsentiert, wodurch es in der breiten Öffentlichkeit bekannter wurde. Diese Darstellungen haben jedoch auch oft zu Missverständnissen oder Verzerrungen wissenschaftlicher Fakten geführt.

Andererseits haben wissenschaftliche Entwicklungen auch die Popkultur beeinflusst und inspiriert. Filme wie "Interstellar" (2014) von Christopher Nolan nutzen wissenschaftliche Beratung, um realistische Darstellungen von Raumzeitkrümmung und Zeitdilatation zu schaffen. Durch solche Filme werden wissenschaftliche Ideen einem breiten Publikum zugänglich gemacht und können die Neugierde und das Interesse an komplexen physikalischen Konzepten wecken.

Die popkulturelle Darstellung von Zeitreisen hat auch dazu geführt, dass bestimmte Ideen und Szenarien in der wissenschaftlichen Diskussion aufgegriffen und erforscht wurden. Das Konzept von Parallelwelten und Multiversen, das in vielen Filmen und Büchern präsent ist, hat in der theoretischen Physik zu Diskussionen über die Möglichkeit von parallelen Realitäten geführt. Wissenschaftler haben verschiedene Modelle entwickelt, um die Idee von Multiversen in mathematischer und theoretischer Hinsicht zu untersuchen.

Die Beziehung zwischen Popkultur und Wissenschaft ist jedoch nicht immer unproblematisch. Oftmals vereinfacht oder verfremdet die Popkultur komplexe wissenschaftliche Konzepte, um sie für ein Massenpublikum verständlicher zu machen. Das kann dazu führen, dass Missverständnisse entstehen oder verzerrte Vorstellungen von bestimmten wissenschaftlichen Ideen verbreitet werden. Ein Beispiel hierfür ist die oft falsche Darstellung von Zeitreisen als einfacher und kontrollierbarer Prozess, während die tatsächliche wissenschaftliche Forschung viel komplexer ist und mit zahlreichen Herausforderungen und Paradoxa verbunden ist.

Dennoch kann die popkulturelle Darstellung von Zeitreisen auch als Katalysator für wissenschaftliche Diskussionen und Forschungen dienen. Filme wie "Inception" (2010) von Christopher Nolan, die sich mit dem Konzept der Realitätsverschiebung und der Manipulation von Träumen befassen, haben Diskussionen über Bewusstsein, Realität und Multidimensionalität angestoßen. Diese Diskussionen können wiederum zu neuen wissenschaftlichen Ansätzen und Forschungsfragen führen.

Ein weiterer interessanter Aspekt ist, wie Zeitreisen in der Popkultur dazu verwendet werden, philosophische Fragen zu erörtern. Filme wie "Source Code" (2011) von Duncan Jones stellen Fragen nach Identität, Wahrnehmung und moralischen Entscheidungen, die direkt mit dem Konzept der Zeitreisen verbunden sind. Solche Filme können dazu führen, dass das Publikum über existenzielle Fragen nachdenkt und möglicherweise sogar die philosophische Literatur zu diesen Themen erkundet.

Die popkulturelle Darstellung von Zeitreisen spiegelt oft auch gesellschaftliche Ängste, Sehnsüchte und Hoffnungen wider. Die Vorstellung, die Vergangenheit zu ändern, um katastrophale Ereignisse zu verhindern, ist ein häufiges Motiv in der Popkultur. Solche Szenarien eröffnen Diskussionen über die ethischen und moralischen Konsequenzen von Zeitmanipulation, die wiederum in wissenschaftlichen und philosophischen Kreisen reflektiert werden.

Abschließend verdeutlicht das Kapitel "Popkulturelle Einflüsse auf wissenschaftliche Diskussionen" die enge Verbindung zwischen Popkultur und wissenschaftlichen Diskussionen im Kontext von Zeitreisen. Die Darstellung von Zeitreisen in Filmen, Büchern, Spielen und anderen Medien kann sowohl das Interesse an wissenschaftlichen Konzepten wecken als auch zu Missverständnissen führen. Gleichzeitig kann die wissenschaftliche Forschung in der Popkultur inspirieren und zu einer fruchtbaren Wechselwirkung zwischen Fiktion und Realität führen. Dieses Kapitel betont die Notwendigkeit eines kritischen Denkens, wenn es darum geht, wissenschaftliche Ideen aus der Popkultur zu extrahieren, zu verstehen und zu analysieren, während gleichzeitig die kreative Inspiration, die aus solchen Darstellungen erwachsen kann, geschätzt wird.

9.5 Die Reflexion der Gesellschaft in zeitbezogenen Erzählungen

Das Kapitel "Die Reflexion der Gesellschaft in zeitbezogenen Erzählungen" behandelt die faszinierende Verbindung zwischen Zeitreiseerzählungen und der Art und Weise, wie sie die Gesellschaft, in der sie entstehen, widerspiegeln. Zeitreisen sind nicht nur auf physikalische Konzepte beschränkt, sondern dienen auch als ein mächtiges Werkzeug, um soziale, politische und kulturelle Themen zu erforschen und zu reflektieren. In vielen Fällen fungieren Zeitreisegeschichten als Metaphern für zeitgenössische Probleme und Herausforderungen, die in der Gesellschaft präsent sind.

Zeitreiseerzählungen bieten Autoren und Künstlern eine einzigartige Möglichkeit, alternative Realitäten zu erkunden und Fragen nach "Was wäre, wenn?" zu stellen. Dies ermöglicht es, soziale Missstände, historische Ereignisse oder zukünftige Entwicklungen aus einer anderen Perspektive zu betrachten. Ein bekanntes Beispiel dafür ist der Roman "Die Frau des Zeitreisenden" von Audrey Niffenegger, der nicht nur die komplexen Auswirkungen von Zeitreisen auf persönliche Beziehungen untersucht, sondern auch tiefergehende Fragen nach Liebe, Verlust und Schicksal aufwirft.

In der zeitgenössischen Popkultur finden sich zahlreiche Beispiele für Zeitreiseerzählungen, die als Kommentare zur aktuellen politischen und sozialen Situation dienen. Ein bemerkenswertes Beispiel ist die Serie "Doctor Who", die seit den 1960er Jahren läuft.

Die Serie nutzt das Konzept der Zeitreisen, um historische Ereignisse zu besuchen, alternative Realitäten zu erkunden und soziale Themen wie Rassismus, Gleichberechtigung und politische Unterdrückung anzusprechen.

Die Reflexion der Gesellschaft in zeitbezogenen Erzählungen erstreckt sich auch auf die Darstellung von Zeitreisen in Film und Fernsehen. Filme wie "12 Monkeys" (1995) von Terry Gilliam werfen Fragen nach der Menschheit und den Konsequenzen unserer Handlungen auf. In diesem Film wird eine postapokalyptische Zukunft dargestellt, in der die Zeitreise als letzte Hoffnung auf Rettung betrachtet wird. Diese Darstellung kann als Warnung vor den potenziellen Folgen von Umweltzerstörung und Vernachlässigung der Zukunft verstanden werden.

Darüber hinaus können zeitbezogene Erzählungen auch dazu dienen, historische Ereignisse kritisch zu überdenken und verschiedene Perspektiven auf die Vergangenheit anzubieten. Der Roman "Die Pforten der Zeit" von Stephen King beleuchtet beispielsweise das Attentat auf Präsident John F. Kennedy und erforscht die Idee, ob bestimmte Ereignisse durch Zeitreisen verändert werden können. Diese Erzählung ermöglicht es, den historischen Kontext und die Auswirkungen solcher Ereignisse aus einer neuen Sichtweise zu betrachten.

Ein weiteres wichtiges Thema, das in zeitbezogenen Erzählungen behandelt wird, ist die Rolle von Geschlecht und Identität. Die Möglichkeit, in der Zeit zu reisen, eröffnet die Möglichkeit, verschiedene Zeiträume und Kulturen zu erkunden, in denen Geschlechterrollen und Identitäten unterschiedlich definiert waren. Werke wie "Die unsichtbare Bibliothek" von Genevieve Cogman erzählen von einer Bibliothek, die Zugang zu verschiedenen Welten und Zeiten ermöglicht, und untersuchen, wie Identität und Geschlecht in verschiedenen Realitäten verstanden werden können.

Es ist wichtig anzumerken, dass zeitbezogene Erzählungen nicht nur als Spiegel der Gesellschaft dienen, sondern auch einen Einfluss auf die öffentliche Wahrnehmung und Diskussion von sozialen Themen haben können. Geschichten, die die Konsequenzen von Zeitreisen aufdecken, können dazu anregen, über ethische Dilemmata, historische Ungerechtigkeiten und die Verantwortung von Individuen für die Gestaltung der Zukunft nachzudenken.

In einer globalisierten Welt, in der soziale, politische und kulturelle Themen miteinander verflochten sind, bieten Zeitreiseerzählungen eine Plattform, um komplexe Zusammenhänge zu erkunden und kritische Diskussionen anzuregen. Sie ermöglichen es, gesellschaftliche Entwicklungen zu hinterfragen, historische Ereignisse neu zu bewerten und Visionen für die Zukunft zu entwickeln. Dabei bieten sie sowohl Autoren als auch Künstlern die Freiheit, ihre Gedanken und Ideen auszudrücken und ihre Zuschauer zum Nachdenken anzuregen.

Abschließend verdeutlicht das Kapitel "Die Reflexion der Gesellschaft in zeitbezogenen Erzählungen" die kraftvolle Verbindung zwischen Zeitreiseerzählungen und der Art und Weise, wie sie die Welt, in der sie entstehen, beeinflussen und widerspiegeln. Durch die Untersuchung von zeitgenössischen Werken sowie historischen Beispielen wird deutlich, wie Zeitreisen als narratives Werkzeug genutzt werden können, um die vielfältigen Aspekte der menschlichen Gesellschaft zu erkunden und zu reflektieren.

9.6 Zeitsprünge in der Musik: Klangliche Interpretationen von Zeit

Das Kapitel "Zeitsprünge in der Musik: Klangliche Interpretationen von Zeit" untersucht die faszinierende Verbindung zwischen Zeitreisen und der Welt der Musik. Musik ist eine kraftvolle Form der künstlerischen Ausdrucksweise, die in der Lage ist, Emotionen, Stimmungen und Ideen auf einzigartige Weise zu vermitteln. In diesem Kontext wird erörtert, wie musikalische Werke Zeit als Thema aufgreifen, interpretieren und in Klängen darstellen.

Die Beziehung zwischen Musik und Zeit ist fundamental. Musik entfaltet sich sequenziell über die Zeit, und jede Note, jeder Akkord und jeder Rhythmus trägt zu einer fortschreitenden Erzählung bei. Die Art und Weise, wie Musik zeitliche Strukturen manipuliert und sich entwickelt, kann als künstlerischer Ausdruck von Zeitreisen betrachtet werden. Eine Komposition kann langsam dahinfließen, in plötzlichen Stakkato-Ausbrüchen verharren oder durch schnelle Tempoänderungen eine scheinbare Zeitverschiebung erzeugen.

In der klassischen Musik gibt es Beispiele für Werke, die das Konzept der Zeitreisen auf kreative Weise aufgreifen. Ein prominentes Beispiel ist Richard Wagners "Tristan und Isolde", eine Oper, die sich durch eine langsame, kontinuierliche Entwicklung auszeichnet und in der die Zeit auf einzigartige Weise dehnt und komprimiert wird. Die Musik erzeugt eine atmosphärische Spannung, die den Zuhörer in einen Zustand der Zeitlosigkeit zu versetzen scheint.

Zeitsprünge in der Musik werden auch durch die Verwendung von Tempoänderungen, Pausen und rhythmischen Variationen erzeugt. Komponisten wie Igor Stravinsky experimentierten mit unregelmäßigen Rhythmen und abrupten Übergängen, um eine zerbrochene Zeiterfahrung zu schaffen. Dieses Stilmittel wurde beispielsweise in Stravinskys Ballett "Le Sacre du Printemps" verwendet, das durch seine ungeordneten Rhythmen und rhythmischen Verschiebungen eine intensive und gleichzeitig verstörende Wahrnehmung der Zeit vermittelt.

In der modernen Musik, insbesondere im Bereich der elektronischen Musik und des Experimentierens mit Klang, finden sich ebenfalls zahlreiche Beispiele für zeitliche Manipulationen. Künstler wie Brian Eno, Aphex Twin und Autechre erforschen die Möglichkeiten, Klänge zu manipulieren, zu wiederholen und zu verzerren, um eine klangliche Reise durch die Zeit zu schaffen.

Diese Werke laden den Zuhörer ein, sich in einem auditiven Raum zu bewegen, der jenseits linearer Zeitstrukturen existiert.

Ein weiterer bemerkenswerter Aspekt in der Verbindung von Zeitreisen und Musik ist die Art und Weise, wie musikalische Themen in verschiedenen Zeiträumen wieder aufgegriffen und transformiert werden. Dies kann als musikalische Entsprechung zu Zeitreisen verstanden werden, bei denen eine Idee aus der Vergangenheit in die Gegenwart geholt und durch zeitgenössische Interpretationen verändert wird. Beethoven beispielsweise verwendete das "Fate"-Motiv in seinem Fünften Klavierkonzert, um ein Gefühl von Kontinuität und Entwicklung über verschiedene Sätze hinweg zu erzeugen.

Die Verbindung von Zeitreisen und Musik geht jedoch über das rein Klangliche hinaus. Musik kann auch als Medium dienen, um emotionale Zeitreisen zu erleben. Bestimmte Melodien, Harmonien oder Klangfarben können Erinnerungen und Gefühle aus der Vergangenheit hervorrufen und den Hörer auf eine mentale Reise durch die eigene Lebensgeschichte mitnehmen. Diese emotionale Zeitreise ermöglicht es dem Hörer, vergangene Erlebnisse und Empfindungen lebendig wiederzuerleben.

Ein bedeutendes Beispiel für diese Verbindung zwischen Musik und Zeitreisen ist die Arbeit des deutschen Komponisten Max Richter. Sein Werk "Memoryhouse" (2002) befasst sich explizit mit dem Thema Erinnerung und Zeit. Durch die Kombination von klassischer Musik, elektronischen Elementen und gesprochenen Worten schafft Richter eine klangliche Erfahrung, die den Hörer auf eine introspektive Reise durch die Zeiten mitnimmt.

Das Kapitel "Zeitsprünge in der Musik: Klangliche Interpretationen von Zeit" betont die tiefe Verbindung zwischen den kreativen Ausdrucksformen von Musik und Zeitreisen. Musik ermöglicht es, die Zeit in vielfältigen Dimensionen zu erleben und zu reflektieren, sei es durch die Struktur und Entwicklung von Klängen, die Verwendung von Tempoänderungen und Rhythmus, die

Wiederholung und Transformation von musikalischen Themen oder die Schaffung von emotionalen Zeitreisen. Künstler nutzen die einzigartigen Möglichkeiten der Musik, um die zeitlichen Aspekte des menschlichen Lebens zu erkunden und zu interpretieren. Dieses Kapitel lädt den Leser ein, sich auf eine akustische Reise durch die Welt der Zeitreisen in der Musik zu begeben und dabei die vielfältigen kreativen Wege zu erkunden, wie Zeit in Tönen und Klängen dargestellt werden kann.

9.7 Zeitreisen in der Kunst: Künstlerische Ausdrucksformen von Raumzeit

Im neunten Kapitel "Zeitreisen in der Kunst: Künstlerische Ausdrucksformen von Raumzeit" wird die faszinierende Verbindung zwischen Zeitreisen und Kunst untersucht. Die Kunst hat seit jeher die Aufgabe, komplexe Konzepte, Ideen und Emotionen visuell darzustellen. In diesem Kontext wird erörtert, wie Künstler verschiedener Epochen Zeitreisen als kreatives Motiv nutzen, um die abstrakten Dimensionen von Raum und Zeit in visuelle Kunstwerke zu übersetzen.

Die Verbindung von Kunst und Zeitreisen lässt sich bis in die antike Mythologie zurückverfolgen, wo göttliche Figuren wie Chronos und Kairos die personifizierten Formen von Zeit darstellen. In der Kunst des Mittelalters und der Renaissance wurden Bilder und Skulpturen geschaffen, die das Vergängliche und Ewige symbolisierten, indem sie Sterbliche und Allegorien der Zeit darstellten. Diese Werke spiegelten das menschliche Streben nach Unsterblichkeit und die Auseinandersetzung mit der Vergänglichkeit wider.

Mit dem Aufkommen der modernen Kunst im 20. Jahrhundert begannen Künstler, die abstrakten Konzepte von Raum und Zeit auf innovative Weise zu interpretieren. Der Kubismus von Pablo Picasso und Georges Braque, beispielsweise, brach räumliche Perspektiven auf und erzeugte fragmentierte Darstellungen, die das Konzept der Zeitlichkeit und Mehrdimensionalität hervorhoben. Marcel Duchamps "Nude Descending a Staircase" (1912) wiederum verwendete sich überlagernde Bilder, um die Vorstellung von Bewegung und Zeit in einem einzigen Bild einzufangen.

Die Zeitreisen in der Kunst wurden durch das Aufkommen von Abstraktion und Surrealismus weiter vorangetrieben. Künstler wie Salvador Dalí schufen surreale Welten, in denen die Grenzen von Raum und Zeit verschwammen. Sein bekanntes Gemälde "Die Beständigkeit der Erinnerung" (1931), oft als "Die zerrinnende Zeit" bezeichnet, zeigt schmelzende Uhren, die eine flexible Auffassung von Zeit und Realität suggerieren. Diese surreale Darstellung wird oft als visuelles Äquivalent zu den nicht-linearen Möglichkeiten von Zeitreisen angesehen.

Die moderne Kunst setzte die Erkundung von Zeit und Raum fort. Künstler wie M.C. Escher nutzten mathematische Konzepte, um rätselhafte Welten zu schaffen, in denen Perspektiven verschoben und Realitäten verzerrt werden. Seine Grafik "Relativität" (1953) präsentiert unmögliche architektonische Strukturen, die die Gesetze der Gravitation und der Raumzeit herausfordern.

Zeitgenössische Künstler haben die Technologie genutzt, um die Darstellung von Zeitreisen auf neue Ebenen zu heben. Digitale Kunst ermöglicht es, virtuelle Realitäten zu erschaffen, in denen Zeit und Raum auf transformative Weise manipuliert werden können. Künstler wie Bill Viola erkunden in ihren Videoinstallationen die Beziehung zwischen Bewegung, Zeit und Bewusstsein. Violas Werk "The Greeting" (1995) zeigt eine verlangsamte Szene einer Frau, die auf eine andere zuzugehen scheint, was die Fähigkeit der Kunst zur Gestaltung von Zeitillusionen verdeutlicht.

Die Darstellung von Zeitreisen in der Kunst erstreckt sich über verschiedene Medien. Neben Malerei und Skulptur werden auch Installationen, Fotografie, Film und digitale Medien genutzt, um die zeitlichen Aspekte der menschlichen Erfahrung zu erkunden. Filmregisseure wie Christopher Nolan, bekannt für Werke wie "Inception" (2010) und "Interstellar" (2014), verwenden visuelle

Effekte und narrative Strukturen, um die nicht-linearen Möglichkeiten von Zeitreisen zu erforschen.

Ein weiteres Beispiel für die Verbindung von Kunst und Zeitreisen sind immersive Kunstwerke und interaktive Installationen. Hier können Besucher selbst in die Kunst eintauchen und ihre eigenen Erfahrungen mit Raum und Zeit gestalten. Solche Werke bieten den Betrachtern die Möglichkeit, die Vorstellung von Zeitreisen auf persönliche und tiefgreifende Weise zu erleben.

In der zeitgenössischen Kunstszene eröffnen sich zunehmend interdisziplinäre Ansätze, bei denen Künstler mit Wissenschaftlern, Philosophen und Technologen zusammenarbeiten, um die Konzepte von Zeit und Raum zu erforschen. Diese Zusammenarbeit kann neue Perspektiven aufzeigen und innovative Wege zur Darstellung von Zeitreisen eröffnen.

Abschließend zeigt dieses Kapitel, wie Künstler durch ihre Werke die abstrakten Konzepte von Raum und Zeit in visuell ansprechender Weise erfassen. Kunst bietet eine einzigartige Plattform, um die Vielschichtigkeit und Komplexität von Zeitreisen zu erforschen und zu vermitteln. Die Kombination aus kreativer Ausdrucksform und intellektueller Reflexion macht Kunst zu einem lebendigen Medium, das die menschliche Vorstellungskraft herausfordert und erweitert.

9.8 Literarische Interpretationen von Paradoxa und Konsequenzen

Das Kapitel "Literarische Interpretationen von Paradoxa und Konsequenzen" beleuchtet die reiche Welt der literarischen Werke, die sich mit den Paradoxien und Konsequenzen von Zeitreisen auseinandersetzen. Von klassischen Romanen bis hin zu modernen Science-Fiction-Epen haben Schriftsteller die Möglichkeit genutzt, die tiefgreifenden Fragen und ethischen Dilemmata zu erkunden, die mit der Manipulation von Zeit und Raum verbunden sind.

Die literarische Darstellung von Zeitreisen reicht zurück bis in die frühen Tage der Literatur. Eines der ersten Werke, das das Zeitreisemotiv aufgriff, war H.G. Wells' Roman "Die Zeitmaschine" (1895). In dieser Erzählung konstruiert der Protagonist eine Maschine, die es ihm ermöglicht, durch die Zeit zu reisen. Er erlebt die zukünftige Evolution der Menschheit und stößt auf die Eloi und die Morlocks, zwei verschiedene Spezies, die eine dystopische Zukunft repräsentieren. Wells' Werk zeigt nicht nur die technischen Aspekte von Zeitreisen, sondern auch die sozialen und philosophischen Implikationen von Veränderungen in der Zeit.

Ein weiteres prominentes Beispiel für literarische Zeitreisen ist Ray Bradburys Kurzgeschichte "A Sound of Thunder" (1952). Die Geschichte handelt von einer Zeitreise-Expedition in die Vergangenheit, bei der ein Jäger versehentlich ein Schmetterling tötet und dadurch eine Kette von Ereignissen auslöst, die die gesamte Zukunft verändert. Bradbury thematisiert hier die Idee des Schmetterlingseffekts und zeigt auf eindrucksvolle Weise, wie kleine Aktionen in der Vergangenheit dramatische Auswirkungen auf die Gegenwart und Zukunft haben können.

Ein bedeutendes Werk, das das Konzept der vielen Welten aufgreift, ist Robert A. Heinleins Roman "Die Tür in den Sommer" (1957). Der Protagonist wird in die Vergangenheit versetzt und hat die Gelegenheit, Ereignisse zu ändern, die sein Leben negativ beeinflusst haben. Heinlein erörtert hier nicht nur die Möglichkeit der Vergangenheitsmanipulation, sondern stellt auch die Frage, ob das Streben nach Perfektion in der eigenen Biografie tatsächlich wünschenswert ist.

Im Zeitalter der modernen Science-Fiction haben Autoren wie Philip K. Dick das Zeitreisenmotiv weiterentwickelt. Dicks Roman "Ubik" (1969) konfrontiert die Leser mit einem komplexen Geflecht aus Realität und Illusion, in dem die Zeit selbst auf unerwartete Weise manipuliert wird. Durch die Verwebung von Identität, Wahrnehmung und Zeit erzeugt Dick eine beunruhigende

Atmosphäre, die die Grenzen zwischen Vergangenheit, Gegenwart und Zukunft verschwimmen lässt.

In den späten 20. und 21. Jahrhunderten haben Autoren wie Michael Crichton, Audrey Niffenegger und Neil Gaiman die Debatte über Zeitreisen durch ihre Werke weiter angeregt. Crichtons Roman "Timeline" (1999) behandelt das Szenario von Wissenschaftlern, die in die Vergangenheit reisen, um archäologische Untersuchungen durchzuführen. Hier wird die komplexe Beziehung zwischen moderner Technologie und historischer Authentizität aufgezeigt. Niffeneggers "Die Frau des Zeitreisenden" (2003) verfolgt das Leben eines Mannes, der durch die Zeit springt, während seine Frau in der linearen Zeit verweilt. Das Werk untersucht die emotionalen und moralischen Herausforderungen, die mit solch einer Beziehung einhergehen.

Neil Gaimans "Niemalsland" (2013) hingegen verschmilzt das Motiv der Zeitreise mit mythologischen Elementen, um eine allegorische Erzählung zu schaffen. Hier wird die Zeit als ein unendlicher Ort dargestellt, den die Protagonistin durchwandert, während sie versucht, ein gestohlenes Kind zurückzubringen. Gaiman reflektiert über das Verhältnis von Zeit und Realität und stellt die Frage, ob Zeitreisen letztlich den Verlauf des Schicksals beeinflussen können.

Diese literarischen Werke reflektieren nicht nur auf die technischen und wissenschaftlichen Aspekte von Zeitreisen, sondern bieten auch eine Plattform, um philosophische, ethische und metaphysische Fragen zu diskutieren. Die Autoren nutzen die Freiheit der Fiktion, um alternative Realitäten und Möglichkeiten zu erforschen, und regen Leser dazu an, über die Implikationen von Zeitmanipulation nachzudenken. Durch das Schreiben von Geschichten, die sich auf Zeitreisen konzentrieren, tragen sie zur kulturellen Debatte bei und ermöglichen es den Lesern, die Komplexität dieser Thematik auf vielfältige Weise zu erfassen.

Insgesamt zeigt das Kapitel, wie Autoren das Motiv der Zeitreisen genutzt haben, um die menschliche Vorstellungskraft zu beflügeln, ethische Dilemmata zu beleuchten und philosophische Überlegungen anzustellen. Durch Literatur werden die komplexen Konzepte und Ideen von Zeitreisen zugänglicher gemacht und ermöglichen es den Lesern, sich mit den tiefgehenden Fragen auseinanderzusetzen, die mit der Manipulation von Zeit und Raum verbunden sind.

9.9 Zeitreisen in der Graphic Novel und Manga

Das Kapitel "Zeitreisen in der Graphic Novel und Manga" widmet sich der faszinierenden Welt der visuellen Erzählkunst, in der Zeitreisen ein immer wiederkehrendes und spannendes Motiv sind. Graphic Novels und Manga bieten eine einzigartige Möglichkeit, komplexe Konzepte und emotionale Nuancen visuell darzustellen und so eine neue Ebene der Auseinandersetzung mit der Thematik zu ermöglichen.

In der Welt der Graphic Novels hat das Thema Zeitreisen eine breite Palette von Interpretationen gefunden. Ein bemerkenswertes Beispiel ist Alan Moores Werk "Watchmen" (1986–1987), in dem Dr. Manhattan, ein Mensch mit übernatürlichen Kräften, die Fähigkeit zur Manipulation von Zeit und Raum besitzt. Moore nutzt diese Fähigkeit, um die traditionelle Erzählstruktur aufzubrechen und den Lesern ein komplexes Netzwerk von Vergangenheit, Gegenwart und Zukunft zu präsentieren. "Watchmen" thematisiert nicht nur die technische Seite von Zeitreisen, sondern auch die psychologischen Auswirkungen und ethischen Dilemmata, die mit solcher Macht einhergehen.

Die Graphic Novel "The Infinity Gauntlet" (1991) von Jim Starlin erkundet das Motiv der Zeitreisen im Kontext des Marvel-Universums. Der Bösewicht Thanos erhält die Macht über die Infinity-Steine, mit denen er die Realität nach Belieben verändert, Zeitreisen ermöglicht und alternative Realitäten schafft. Die Geschichte beleuchtet die Konsequenzen von Zeitmanipulationen und präsentiert den Lesern ein Universum, in dem die Grenzen zwischen Raum und Zeit brüchig werden.

Mangas, die japanische Form von Comics, haben ebenfalls das Thema Zeitreisen in vielfältiger Weise aufgegriffen. Ein bekanntes Werk ist Osamu Tezukas "Phoenix" (1967–1988), das die Geschichten von verschiedenen Charakteren in verschiedenen Epochen erzählt und die Idee der Wiedergeburt und des ewigen Lebens erforscht. Die Serie betont die zyklische Natur von Zeit und Leben und erforscht die Verbindung zwischen Vergangenheit, Gegenwart und Zukunft.

Der Manga "Steins;Gate" (2009) von Yomi Sarachi und Chiyomaru Shikura beschäftigt sich intensiv mit den Konsequenzen von Zeitreisen. Die Geschichte handelt von einem jungen Wissenschaftler, der eine Möglichkeit entdeckt, Kurznachrichten in die Vergangenheit zu schicken und so Ereignisse zu beeinflussen. Die Handlung entfaltet sich in komplexen Schleifen, in denen Entscheidungen rückgängig gemacht und Alternativrealitäten geschaffen werden. "Steins;Gate" untersucht die Idee der Kausalität, der Verzweigung von Realitäten und der unvorhersehbaren Folgen von Zeitmanipulation.

Ein weiterer Manga, der das Thema Zeitreisen aufgreift, ist "Erased" (2012–2016) von Kei Sanbe. Die Geschichte folgt einem jungen Mann, der die Fähigkeit besitzt, in die Vergangenheit zu springen und Ereignisse zu verhindern, die zu tragischen Schicksalen geführt haben. "Erased" beleuchtet das ethische Dilemma zwischen individueller Verantwortung und dem Wunsch, vergangene Fehler zu korrigieren.

Graphic Novels und Manga ermöglichen es, Zeitreisen auf visuell ansprechende Weise zu erforschen. Die Kombination von Bildern und Texten eröffnet neue Möglichkeiten, komplexe Ideen darzustellen und die emotionalen Dimensionen der Charaktere zu vertiefen. Die visuelle Natur dieser Medien ermöglicht es den Lesern, die Auswirkungen von Zeitmanipulationen unmittelbar zu erleben und sich in die Gedankenwelt der Charaktere hineinzuversetzen.

Diese Werke zeigen, dass das Thema Zeitreisen in der Welt der Graphic Novels und Manga genauso vielfältig und reichhaltig ist wie in der Literatur und anderen Medien. Die visuelle Darstellung eröffnet neue Perspektiven und Interpretationsmöglichkeiten, die die Komplexität der Zeitmanipulation auf eindrucksvolle Weise vermitteln. Durch Graphic Novels und Manga können Leser die abstrakten Konzepte von Zeit und Raum auf eine konkrete und emotionale Weise erleben und reflektieren.

9.10 Die Zukunft der Popkultur: Wie Zeitreisen unsere Vorstellungskraft prägen

Das Kapitel "Die Zukunft der Popkultur: Wie Zeitreisen unsere Vorstellungskraft prägen" beleuchtet die anhaltende Faszination für das Thema Zeitreisen und wie es unsere Popkultur geprägt hat und auch weiterhin beeinflussen wird. Zeitreisen sind nicht nur ein beliebtes Motiv in Literatur, Film, Fernsehen und anderen Medien, sondern auch ein Spiegelbild unseres menschlichen Verlangens nach dem Unmöglichen, nach Veränderung und Entdeckung. Dieses Kapitel widmet sich der Analyse der aktuellen Trends in der Popkultur, wie sie Zeitreisen interpretiert, und wirft einen Blick auf zukünftige Entwicklungen und Möglichkeiten.

Die Popkultur hat sich als einflussreicher Rahmen für die Auseinandersetzung mit Zeitreisen erwiesen. Filme wie "Zurück in die Zukunft" (1985), "Matrix" (1999) und "Inception" (2010) haben nicht nur unser Verständnis von Zeitreisen erweitert, sondern auch die visuellen und narrativen Grenzen unserer Vorstellungskraft gesprengt. Diese Werke haben die Idee von nichtlinearen Erzählungen, Parallelwelten und der Manipulation der Realität in die Köpfe der Massen gebracht. Ebenso haben Fernsehserien wie "Doctor Who" (seit 1963) und "Dark" (2017–2020) komplexe Geschichten gewoben, die das Publikum dazu anregen, über die Dimensionen von Zeit und Raum nachzudenken.

Mit dem Aufkommen neuer Technologien und Plattformen hat die Popkultur innovative Wege gefunden, um Zeitreisen zu erkunden. Videospiele wie "The Legend of Zelda: Ocarina of Time" (1998) und

"Life is Strange" (2015) bieten Spielern die Möglichkeit, die Zeit in interaktiver Weise zu manipulieren und Entscheidungen zu treffen, die den Verlauf der Geschichte beeinflussen. Virtual Reality (VR) ermöglicht es den Nutzern, in die Welt der Zeitreisen einzutauchen und die Erfahrung noch immersiver zu gestalten.

Die Popkultur hat auch dazu beigetragen, wissenschaftliche Diskussionen über Zeitreisen zu inspirieren und zu beeinflussen. Filme und Serien regen oft zur Neugierde an und ermutigen die Zuschauer, sich mit komplexen Konzepten der Physik und Philosophie auseinanderzusetzen. Diese kulturelle Verbindung zwischen Fiktion und Realität hat dazu geführt, dass Wissenschaftler und Experten Zeitreisen auf eine Weise betrachten, die über rein theoretische Spekulationen hinausgeht.

Ein weiterer Aspekt, den die Popkultur erforscht, ist die soziale und psychologische Dimension von Zeitreisen. Filme wie "About Time" (2013) erforschen die emotionalen Auswirkungen von Zeitreisen auf persönliche Beziehungen und das individuelle Glück. Durch die Darstellung von Charakteren, die mit dem Wissen um die Zukunft umgehen, werden Fragen der moralischen Verantwortung und der Selbstfindung aufgeworfen.

Die Zukunft der Popkultur in Bezug auf Zeitreisen ist ebenso aufregend wie vielfältig. Neue Technologien wie Augmented Reality (AR) und künstliche Intelligenz (KI) könnten es den Zuschauern ermöglichen, interaktive Geschichten zu erleben, die auf ihren Entscheidungen basieren. Virtuelle Welten könnten die Grenzen zwischen Fiktion und Realität noch weiter verschwimmen lassen, da die Nutzer in immersive Erzählungen eintauchen und mit den Protagonisten interagieren können.

Die Entwicklung von Zeitreisen in der Popkultur spiegelt auch die Veränderungen in unserer Gesellschaft wider. Die zunehmende Globalisierung und Vernetzung haben zu einer Vielzahl von kulturellen Einflüssen geführt, die sich in den Geschichten über Zeitreisen widerspiegeln. Die Diversifizierung der Charaktere,

Handlungsstränge und Perspektiven trägt dazu bei, dass Zeitreisen zu einer breiteren Palette von Menschen sprechen und deren Lebenserfahrungen widerspiegeln.

Insgesamt zeigt das Kapitel, wie Zeitreisen einen dauerhaften Platz in unserer Popkultur gefunden haben und wie sie unsere Vorstellungskraft prägen. Durch Literatur, Film, Fernsehen, Videospiele und andere künstlerische Ausdrucksformen ermöglicht die Popkultur einen offenen Dialog über Zeitmanipulation, wissenschaftliche Erkenntnisse, moralische Fragen und die menschliche Vorstellungskraft. Dieser Dialog wird voraussichtlich auch in Zukunft fortgeführt werden, da neue Technologien und Ideen immer wieder neue Möglichkeiten für die Darstellung und Interpretation von Zeitreisen bieten.

Kapitel 10: Zukunftsperspektiven und offene Fragen

10.1 Fortschritte in der theoretischen Physik und Quantengravitation

Im letzten Kapitel, "Fortschritte in der theoretischen Physik und Quantengravitation", wird der Blick auf die jüngsten Entwicklungen in der wissenschaftlichen Forschung gerichtet, die einen Einfluss auf unser Verständnis von Zeitreisen haben könnten. In den letzten Jahrzehnten haben sich die theoretische Physik und insbesondere die Quantengravitation als Schlüsselgebiete herauskristallisiert, um tiefere Einblicke in die Natur der Raumzeit und die Möglichkeit von Zeitreisen zu gewinnen.

Die Quantengravitation stellt den Versuch dar, die Gravitation mit den Prinzipien der Quantenmechanik zu vereinen. Eine der vielversprechendsten Theorien in diesem Bereich ist die Stringtheorie, die davon ausgeht, dass die Grundbausteine der Materie nicht punktförmig sind, sondern winzige schwingende "Strings" oder Fäden. Diese Theorie bietet eine mögliche Grundlage für ein umfassendes Verständnis der fundamentalen Kräfte im Universum, einschließlich der Gravitation.

Ein interessanter Aspekt der Stringtheorie ist die Idee von zusätzlichen Dimensionen jenseits der uns vertrauten vier (drei räumliche und eine zeitliche). Diese zusätzlichen Dimensionen könnten auf winzigen "Skalen versteckt sein und sich nur unter extremen Bedingungen bemerkbar machen. Einige theoretische Modelle schlagen vor, dass die Manipulation dieser zusätzlichen Dimensionen zu einer Art "Raumfaltung" führen könnte, die es ermöglicht, Raumzeitkrümmungen zu erzeugen und so die Struktur von Raum und Zeit zu beeinflussen.

Ein weiterer Fortschritt in der theoretischen Physik betrifft die Erforschung von Schwarzen Löchern. Schwarze Löcher sind nicht nur erstaunliche Objekte mit einer enormen Gravitationskraft, sondern auch Orte, an denen Raum und Zeit stark gekrümmt sind. Die Untersuchung von Schwarzen Löchern hat zu neuen Einsichten in die Raumzeit und die Möglichkeit von Zeitreisen geführt. Einige Theorien besagen, dass sich innerhalb eines rotierenden Schwarzen Lochs sogenannte "geschlossene zeitartige Kurven" bilden könnten, die es einem hypothetischen Reisenden ermöglichen könnten, in die eigene Vergangenheit zu gelangen.

Die Verbindung zwischen Quantengravitation und Zeitreisen manifestiert sich auch in der Idee der Quantenverschränkung. Quantenverschränkung ist ein Phänomen, bei dem zwei Teilchen auf eine Weise miteinander verbunden sind, dass der Zustand eines Teilchens den Zustand des anderen Teilchens sofort beeinflusst, unabhängig von der Entfernung zwischen ihnen. Einige Forscher haben vorgeschlagen, dass Quantenverschränkung genutzt werden könnte, um Informationen oder sogar Materie über große Entfernungen zu übertragen, was als "Quantenteleportation" bezeichnet wird. Obwohl dies nicht unmittelbar mit Zeitreisen verbunden ist, wirft es Fragen darüber auf, wie Information und Materie über Raum und Zeit hinweg miteinander interagieren könnten.

Die fortschreitende Erforschung von Exotischer Materie, insbesondere von Materie mit negativer Energie, ist ein weiterer Schwerpunkt in der theoretischen Physik. Diese exotische Materie könnte in der Lage sein, Raumzeitkrümmungen zu erzeugen oder aufrechtzuerhalten, die notwendig wären, um Wurmlöcher stabil zu halten. Obwohl exotische Materie hypothetisch ist und bisher noch nicht nachgewiesen wurde, hat ihre Untersuchung dazu beigetragen, das Verständnis der Physik auf fundamentalere Weise zu erweitern.

Die Fortschritte in der theoretischen Physik haben auch zu einem besseren Verständnis der fundamentalen Natur von Zeit geführt. Einige Modelle der Quantengravitation deuten darauf hin, dass Raum und Zeit emergente Eigenschaften sein könnten, die aus tieferen Schichten der Realität entstehen. Dies wirft Fragen darüber auf, wie unsere klassische Vorstellung von Zeit möglicherweise auf subatomarer Ebene transformiert wird.

Die Verbindung zwischen theoretischer Physik und Zeitreisen wirft auch philosophische Fragen auf. Einige Philosophen argumentieren, dass die physikalischen Gesetze selbst möglicherweise zeitliche Variationen aufweisen könnten, was zu einer Art natürlicher Zeitreisen führen könnte. Diese Idee basiert auf dem Konzept der "Viele-Welten-Interpretation" der Quantenmechanik, die besagt, dass jede mögliche Realität in einer eigenen "Quantenwelt" existiert. Auf diese Weise könnte die Vorstellung von Zeitreisen in der Physik mit dem Konzept der parallelen Realitäten verschmelzen.

Insgesamt haben die Fortschritte in der theoretischen Physik und speziell in der Quantengravitation unser Verständnis von Raum, Zeit und der Möglichkeit von Zeitreisen auf eine tiefgreifende Weise erweitert. Während viele dieser Ideen noch spekulativ sind und weiterhin intensiver Forschung bedürfen, haben sie bereits dazu beigetragen, neue Perspektiven auf das Universum und unsere Rolle darin zu eröffnen. Die Fortsetzung der Zusammenarbeit zwischen theoretischer Physik, Mathematik und experimenteller Forschung wird zweifellos weiterhin spannende Einsichten in die Natur der Zeit und die Möglichkeit von Zeitreisen liefern.

10.2 Potenzielle Verbindung von Zeitreisen und Multiversen

Im folgenden Kapitel "Potenzielle Verbindung von Zeitreisen und Multiversen" wird die faszinierende Idee diskutiert, wie Zeitreisen mit der Theorie der Multiversen in Verbindung stehen könnten. Die Vorstellung von Multiversen besagt, dass unser Universum nicht das einzige ist, sondern dass es unzählige parallele Universen gibt, die jeweils unterschiedliche Realitäten darstellen.

Die Idee von Multiversen ist in der theoretischen Physik und Kosmologie entstanden, um einige der rätselhaften Aspekte des Universums zu erklären, wie zum Beispiel die Frage, warum einige physikalische Konstanten so fein abgestimmt sind, dass Leben möglich ist. Die Multiversen-Theorie besagt, dass es eine Vielzahl von Universen mit verschiedenen Konstanten und Gesetzen geben könnte, und wir existieren in einem von vielen möglichen Universen, in dem die Bedingungen für Leben geeignet sind.

Die Verbindung zwischen Multiversen und Zeitreisen ergibt sich aus der Idee, dass Zeitreisen möglicherweise zu einem Übergang zwischen verschiedenen Universen führen könnten. Ein Zeitreisender könnte nicht nur in der Zeit zurück oder vorwärts reisen, sondern auch in ein paralleles Universum wechseln, in dem sich die Ereignisse anders entwickelt haben. Diese Idee wurde in der Science-Fiction-Literatur und im Film häufig aufgegriffen, um spannende Geschichten zu erzählen, in denen Entscheidungen und Handlungen in der Vergangenheit die Zukunft in einem alternativen Universum verändern.

Ein interessantes Konzept in diesem Zusammenhang ist das "Many-Worlds" oder "Viele-Welten" Konzept. Diese Theorie besagt, dass jedes Mal, wenn eine Entscheidung getroffen wird, das Universum in zwei oder mehr parallele Realitäten verzweigt, in denen jede mögliche Entscheidung tatsächlich getroffen wurde. Das bedeutet, dass in einem Multiversum alle möglichen Ergebnisse existieren und dass Zeitreisen die Möglichkeit bieten könnten, zwischen diesen Zweigen zu wechseln.

Die Verbindung von Zeitreisen und Multiversen wirft jedoch auch eine Reihe von Fragen und Paradoxa auf. Zum Beispiel das Großvaterparadoxon: Wenn jemand in die Vergangenheit reist und seine eigene Großmutter tötet, wie könnte er dann geboren werden, um in die Vergangenheit zu reisen? Die Multiversen-Theorie könnte eine Lösung bieten, da in einem anderen Universum der Großvater des Zeitreisenden möglicherweise nicht getötet wurde.

Ein weiteres interessantes Paradoxon ist das Kausalitäts-paradoxon. Wenn jemand in die Vergangenheit reist und Ereignisse ändert, könnte dies zu einem Widerspruch führen, bei dem die ursprüngliche Ursache des Zeitreisenden, in die Vergangenheit zu reisen, ausgelöscht wird. Die Idee von Multiversen könnte hier eine

Lösung bieten, da die Veränderungen in einem Universum auftreten könnten, das parallel zum ursprünglichen Universum existiert.

Die Potenziale Verbindung von Zeitreisen und Multiversen eröffnet nicht nur faszinierende wissenschaftliche Spekulationen, sondern beeinflusst auch unser philosophisches Verständnis von Realität und Identität. Wenn es unendlich viele Universen gibt, in denen jede mögliche Entscheidung getroffen wurde, wie beeinflusst das unser Konzept von freiem Willen? Gibt es eine "wahre" Realität oder existieren alle Möglichkeiten gleichzeitig?

Ein weiterer Aspekt, der in diesem Kontext diskutiert wird, ist die Frage nach der Existenz von "Hub-Universen". Ein Hub-Universum könnte als eine Art Zentrum fungieren, das den Zugang zu verschiedenen parallelen Universen ermöglicht. Zeitreisende könnten in ein Hub-Universum reisen und von dort aus zu anderen Universen springen, was eine Art Nabe für interdimensionale Reisen darstellen könnte.

Die Verbindung von Zeitreisen und Multiversen bleibt jedoch größtenteils spekulativ und ist bislang weder durch experimentelle noch durch beobachtbare Daten gestützt. Die Theorien und Ideen in diesem Bereich sind oft Gegenstand lebhafter Diskussionen unter Physikern, Philosophen und Science-Fiction-Autoren. Es bleibt eine Herausforderung, konkrete Beweise für die Existenz von Multiversen oder die Möglichkeit von interdimensionalen Reisen zu finden.

Insgesamt bietet die Verbindung von Zeitreisen und Multiversen ein faszinierendes Gedankenspiel, das nicht nur unser wissenschaftliches Verständnis erweitert, sondern auch unser Weltbild und unsere Vorstellungskraft prägt. Die Idee, dass es unendlich viele Universen gibt, in denen jede mögliche Realität existiert, eröffnet neue Perspektiven auf die Natur der Zeit, die Realität und unsere Rolle im Universum. Obwohl die praktische Umsetzbarkeit von Zeitreisen zwischen Universen weit entfernt ist, ist die Vorstellung von alternativen Realitäten und die Frage nach ihrer Verbindung mit unserer eigenen Realität weiterhin ein faszinierendes und tiefgründiges Thema für wissenschaftliche Untersuchungen und kulturelle Explorationen.

10.3 Die Rolle von Zeitreisen in der Erforschung des Universums

Im Kapitel "Die Rolle von Zeitreisen in der Erforschung des Universums" wird die spannende Verbindung zwischen Zeitreisen und unserem Streben nach Erkenntnis über das Universum selbst beleuchtet. Zeitreisen als theoretisches Konzept könnten nicht nur als faszinierende Möglichkeit der Fortbewegung dienen, sondern auch als mächtiges Werkzeug, um die Geheimnisse des Universums zu enthüllen und unsere kosmologischen Fragen zu beantworten.

Die moderne Astrophysik hat bereits erhebliche Fortschritte gemacht, um das Universum und seine Entwicklung zu verstehen. Beispielsweise haben wir durch Teleskope und Satelliten Einsicht in die kosmische Hintergrundstrahlung erhalten, die Überreste des Urknalls, und konnten so die Entstehung und Entwicklung des Universums bis zu einem gewissen Grad rekonstruieren. Doch es gibt immer noch viele offene Fragen, die wir nur durch tiefere Einsichten in die Struktur und den Ursprung des Universums beantworten können.

In diesem Kontext könnten Zeitreisen theoretisch als Werkzeug dienen, um in die Vergangenheit oder Zukunft zu reisen und direkte Beobachtungen von Ereignissen zu machen, die sonst unzugänglich wären. Beispielsweise könnten wir durch Zeitreisen den Ursprung des Universums, den Urknall, selbst beobachten und genauere Informationen darüber sammeln, wie sich das Universum seitdem entwickelt hat. Diese Erkenntnisse könnten uns helfen, einige der grundlegenden Fragen der Kosmologie zu klären, wie etwa die Frage nach der Dunklen Energie und der Dunklen Materie, die einen Großteil der Materie und Energie im Universum ausmachen sollen.

Ein weiterer interessanter Aspekt ist die Erforschung von Ereignissen in extremen Umgebungen, wie Schwarzen Löchern oder Neutronensternen. Schwarze Löcher sind Gebiete mit so starker Gravitation, dass nicht einmal Licht ihnen entkommen kann. Die Erforschung solcher Regionen ist äußerst kompliziert, da herkömmliche Methoden der Datenbeschaffung und Beobachtung an ihre Grenzen stoßen. Zeitreisen könnten hier theoretisch eingesetzt werden, um uns direkte Einblicke in diese Regionen zu verschaffen und unsere Modelle der Gravitation und Raumzeitkrümmung zu verfeinern.

Ein spannendes Beispiel ist die Untersuchung von Ereignishorizonten, den Grenzen von Schwarzen Löchern, an denen selbst die Zeit durch die Gravitationskraft extrem verlangsamt wird. Die Fähigkeit, in die Nähe eines Schwarzen Lochs zu reisen und den Ereignishorizont zu beobachten, könnte dazu beitragen, die Theorie der Allgemeinen Relativität von Einstein zu überprüfen und möglicherweise neue Erkenntnisse über die Quantenphysik und die Natur der Raumzeit zu gewinnen.

Jedoch gibt es in dieser Vorstellung von Zeitreisen zur Erforschung des Universums auch zahlreiche Herausforderungen und Paradoxa zu berücksichtigen. Das Großvaterparadoxon, das bereits in früheren Kapiteln diskutiert wurde, wäre hier ebenso relevant. Wenn wir Ereignisse in der Vergangenheit ändern könnten, könnten wir möglicherweise auch die Kausalketten beeinflussen, die zu unserer eigenen Existenz führen. Dies wirft Fragen nach der Stabilität und Integrität unseres Universums auf.

Ein weiteres Paradoxon ist das Problem der „Informationsparadoxie" in Zusammenhang mit Schwarzen Löchern. Wenn Materie in ein Schwarzes Loch fällt, geht nach gängigen Theorien die darin enthaltene Information verloren. Dies steht jedoch im Widerspruch zur Quantenmechanik, die besagt, dass Information niemals verloren geht. Zeitreisen könnten theoretisch genutzt werden, um diese Informationen aus einem Schwarzen Loch zu "retten". Doch das wirft weitere Fragen auf, wie zum Beispiel die

Möglichkeit von kausalen Schließungen und das Durcheinanderbringen von Kausalitäten.

Die Rolle von Zeitreisen in der Erforschung des Universums ist daher nicht nur mit aufregenden Möglichkeiten, sondern auch mit tiefgreifenden philosophischen und wissenschaftlichen Fragen verbunden. Die Verbindung von Zeitreisen und Kosmologie eröffnet ein komplexes Netzwerk von Ideen und potenziellen Szenarien, die die Grenzen unseres Verständnisses von Raum, Zeit und Realität herausfordern.

Die praktische Umsetzung von Zeitreisen zur Erforschung des Universums bleibt jedoch bisher rein theoretisch. Die technologischen und theoretischen Herausforderungen, die mit Zeitreisen verbunden sind, sind immens. Derzeit haben wir nur begrenzte Einblicke in die Natur der Zeit und ihre Beziehung zur Raumzeit, und es gibt keine experimentellen Beweise für die Existenz von Zeitmaschinen oder die Möglichkeit von Reisen durch die Zeit.

Trotzdem inspiriert die Idee von Zeitreisen als Werkzeug zur Erforschung des Universums Forscherinnen und Forscher dazu, ihre Modelle und Theorien weiterzuentwickeln, um die Mysterien des Universums besser zu verstehen. Die Forschung auf dem Gebiet der theoretischen Physik, Kosmologie und Quantengravitation treibt die Diskussion über Zeitreisen und ihre mögliche Rolle in der Erforschung des Universums weiter voran.

Zusammenfassend lässt sich sagen, dass das Kapitel "Die Rolle von Zeitreisen in der Erforschung des Universums" die aufregende Verbindung zwischen zwei faszinierenden Bereichen der Wissenschaft beleuchtet: Zeitreisen und Kosmologie. Die Vorstellung, dass Zeitreisen nicht nur als Reisemittel dienen könnten, sondern auch als Werkzeug zur Enthüllung der tiefsten Geheimnisse des Universums, regt die Fantasie an und regt zu weiteren Untersuchungen und Diskussionen an. Obwohl die Umsetzung von Zeitreisen in der Erforschung des Universums derzeit noch jenseits unserer technologischen Möglichkeiten liegt, bleiben die Konzepte und Ideen in diesem Bereich von entscheidender Bedeutung für unser Verständnis der Natur der Realität und des Universums.

10.4 Interdisziplinäre Ansätze und Zusammenarbeit

Im Kapitel "Interdisziplinäre Ansätze und Zusammenarbeit" wird die Bedeutung der Zusammenarbeit zwischen verschiedenen wissenschaftlichen Disziplinen für die Erforschung und das Verständnis von Zeitreisen umfassend beleuchtet. Das Konzept der Zeitreisen reicht über einzelne Fachgebiete hinaus und erfordert eine integrative Herangehensweise, die sowohl wissenschaftliche als auch philosophische, ethische und kulturelle Perspektiven einschließt.

Die Untersuchung von Zeitreisen erfordert eine enge Zusammenarbeit zwischen Physikern, Mathematikern, Philosophen, Ethikern, Künstlern und vielen anderen. Jede Disziplin bringt einzigartige Einblicke und Herangehensweisen mit sich, die dazu beitragen können, ein umfassenderes Verständnis von Zeitreisen zu entwickeln.

In der Physik sind es vor allem Theoretiker, die Modelle und Theorien zu Zeitreisen entwickeln. Sie nutzen Konzepte aus der Allgemeinen Relativitätstheorie und der Quantenmechanik, um mögliche Mechanismen und Rahmenbedingungen für Zeitreisen zu erforschen. Mathematiker tragen zur Entwicklung und Analyse von Modellen bei, die die strukturelle Integrität von Raumzeit und mögliche Verzerrungen darstellen.

Philosophen bringen ihre Reflexionen über die Natur von Zeit, Realität und Kausalität ein. Sie stellen Fragen nach der Möglichkeit von Kausalitätsverletzungen, Paradoxa und ethischen Implikationen von Zeitreisen. Die philosophische Diskussion kann dazu beitragen, die Konzepte von Zeitreisen aus verschiedenen Blickwinkeln zu beleuchten und eventuelle Widersprüche zu identifizieren.

Ethiker und Sozialwissenschaftler tragen zur Analyse der Auswirkungen von Zeitreisen auf individuelle und gesellschaftliche Ebenen bei. Sie betrachten Fragen der Verantwortung, der moralischen Implikationen von Vergangenheitsmanipulation und der sozialen Auswirkungen von Technologien, die Zeitreisen ermöglichen könnten.

Künstler und Literaten wiederum bieten kreative Interpretationen und narrative Ansätze, die unsere Vorstellungskraft anregen und philosophische Fragen veranschaulichen können. Kunstwerke, Literatur, Filme und andere künstlerische Ausdrucksformen tragen dazu bei, die komplexen Ideen und Konzepte von Zeitreisen einem breiteren Publikum zugänglich zu machen und die Diskussion in die Popkultur zu integrieren.

Die Zusammenarbeit zwischen diesen verschiedenen Disziplinen kann Synergien schaffen und zu einem holistischen Verständnis von Zeitreisen beitragen. Es ist wichtig, dass die Fachleute aus unterschiedlichen Bereichen miteinander kommunizieren und voneinander lernen, um mögliche Lösungsansätze für die vielfältigen Herausforderungen und Paradoxa zu entwickeln, die mit Zeitreisen verbunden sind.

Ein interdisziplinärer Ansatz ist auch in der Forschung nach konkreten Technologien und Mechanismen für Zeitreisen von entscheidender Bedeutung. Wenn wir jemals in der Lage sein werden, Zeitreisen zu realisieren, wird dies eine Zusammenarbeit von Ingenieuren, Physikern, Mathematikern und Technologen erfordern. Die Entwicklung von Zeitmaschinen oder Mechanismen zur Raumzeitverzerrung erfordert ein tiefes Verständnis der Physik und Technologie, aber auch die Fähigkeit, kreative Ansätze zu verfolgen.

Die interdisziplinäre Zusammenarbeit kann auch dazu beitragen, die ethischen und gesellschaftlichen Implikationen von Zeitreisen zu bewerten. Wenn wir die Fähigkeit hätten, in die Vergangenheit einzugreifen, könnten dies weitreichende Auswirkungen auf die

Geschichte, Kulturen und Gesellschaften haben. Diese Auswirkungen müssen von einer Vielzahl von Perspektiven betrachtet werden, um angemessene Richtlinien und Entscheidungen zu entwickeln.

Ein weiterer Aspekt der interdisziplinären Zusammenarbeit betrifft die Kommunikation von wissenschaftlichen Erkenntnissen und Konzepten an die breite Öffentlichkeit. Zeitreisen sind nicht nur ein wissenschaftliches Thema, sondern auch ein kulturelles Phänomen, das die Fantasie vieler Menschen anregt. Die Zusammenarbeit zwischen Wissenschaftlern und Kommunikationsfachleuten kann dazu beitragen, wissenschaftliche Informationen auf verständliche und zugängliche Weise zu vermitteln und gleichzeitig mögliche Missverständnisse und verzerrte Darstellungen zu vermeiden.

Schließlich kann die interdisziplinäre Zusammenarbeit dazu beitragen, neue Ansätze und Ideen für die Erforschung von Zeitreisen zu entwickeln. Indem verschiedene Disziplinen ihr Fachwissen und ihre Perspektiven teilen, können unkonventionelle Herangehensweisen entstehen, die zu innovativen Lösungen und neuen Erkenntnissen führen könnten.

Insgesamt zeigt das Kapitel "Interdisziplinäre Ansätze und Zusammenarbeit", dass die Erforschung von Zeitreisen eine gemeinsame Anstrengung verschiedener Fachgebiete erfordert. Die Zusammenarbeit zwischen Physik, Philosophie, Ethik, Kunst, Literatur, Technologie und vielen anderen Disziplinen kann dazu beitragen, ein umfassenderes und tiefgreifenderes Verständnis von Zeitreisen zu entwickeln. Durch diese interdisziplinäre Herangehensweise können wir nicht nur wissenschaftliche Fortschritte erzielen, sondern auch die gesellschaftlichen, ethischen und kulturellen Implikationen von Zeitreisen angemessen berücksichtigen.

10.5 Das Fortdauern der Faszination für Zeitreisen
Das Kapitel "Das Fortdauern der Faszination für Zeitreisen" widmet sich der anhaltenden Faszination und dem bleibenden Einfluss, den

das Konzept der Zeitreisen auf verschiedene Bereiche unserer Kultur, Gesellschaft und Wissenschaft hat. Trotz der tiefgreifenden wissenschaftlichen, philosophischen und ethischen Diskussionen, die mit Zeitreisen einhergehen, übt dieses Thema nach wie vor eine starke Anziehungskraft auf Menschen aller Altersgruppen und Hintergründe aus.

Die anhaltende Faszination für Zeitreisen lässt sich auf mehrere Faktoren zurückführen. Einer der Hauptgründe ist die menschliche Neugierde. Das Verlangen, in die Vergangenheit zu reisen, um historische Ereignisse aus erster Hand zu erleben, oder in die Zukunft zu gelangen, um mögliche Entwicklungen zu erkunden, entspringt unserem grundlegenden Bedürfnis nach Erkenntnis und Erfahrung. Die Vorstellung, die Zeit zu beherrschen und Ereignisse nach Belieben zu manipulieren, übt eine starke Anziehungskraft auf unsere Fantasie aus.

Ein weiterer Aspekt ist die Flucht vor der Gegenwart. In Zeiten gesellschaftlicher oder persönlicher Turbulenzen kann das Konzept der Zeitreisen eine verlockende Möglichkeit bieten, der Realität zu entfliehen. Die Vorstellung, sich an einen anderen Ort und eine andere Zeit zu begeben, wo die Probleme der Gegenwart keine Rolle spielen, hat eine gewisse tröstliche Wirkung und kann als kreative Bewältigungsstrategie dienen.

Zeitreisen eröffnen auch ein Tor zu einem Reich des Unmöglichen. Die Idee, die fundamentalen Gesetze von Raum und Zeit zu durchbrechen, erlaubt es uns, mit Gedankenexperimenten und Konzepten zu experimentieren, die normalerweise jenseits unserer Vorstellungskraft liegen. Dies regt nicht nur die kreative Vorstellungskraft an, sondern auch die wissenschaftliche Neugierde, da es Raum für innovative Theorien und Hypothesen lässt.

Philosophische Überlegungen spielen ebenfalls eine entscheidende Rolle in der anhaltenden Faszination für Zeitreisen. Die Auseinandersetzung mit Fragen nach Kausalität, Determinismus und Freiheit wird durch Zeitreisen auf eine neue Ebene gehoben. Die Möglichkeit, vergangene Ereignisse zu beeinflussen oder gar zu verändern, stellt grundlegende Konzepte über Raum und Zeit in Frage und zwingt uns, über die Natur der Realität nachzudenken.

Die kulturelle Präsenz von Zeitreisen in Literatur, Film, Fernsehen, Kunst und anderen Medien verstärkt diese Faszination weiter. Zeitreisen haben eine reiche Geschichte in der Literatur, von H.G. Wells' "Die Zeitmaschine" bis hin zu zeitgenössischen Autoren, die das Thema aufgreifen. In Film und Fernsehen sind Geschichten über Zeitreisen äußerst beliebt und bieten eine breite Palette von Interpretationen, von humorvollen bis hin zu ernsthaften Darstellungen der Auswirkungen von Zeitmanipulation. Auch in der Kunst haben Künstler Zeitreisen als Motiv genutzt, um Konzepte von Vergangenheit, Gegenwart und Zukunft zu erforschen und darzustellen.

Die Faszination für Zeitreisen hat auch tiefgreifende Auswirkungen auf die Wissenschaft. Zeitreisen sind ein Katalysator für innovative Denkansätze und können neue Wege zur Lösung bestehender Rätsel eröffnen. Die Anziehungskraft des Unbekannten und das Streben nach wissenschaftlicher Erkenntnis sind eng miteinander verbunden. Forscher sind ständig bemüht, die physikalischen Grenzen zu erweitern und unsere Sichtweise auf Raum und Zeit zu vertiefen.

Darüber hinaus prägen zeitliche Themen auch die Ethik und Moral unserer Gesellschaft. Die Vorstellung, die Vergangenheit zu beeinflussen, wirft Fragen nach Verantwortung, Konsequenzen und dem richtigen Umgang mit Macht auf. Die Erkundung dieser ethischen Dilemmata in Bezug auf Zeitreisen ermöglicht eine reflektierte Betrachtung unserer eigenen Handlungen und Entscheidungen.

Zusammenfassend kann festgestellt werden, dass die anhaltende Faszination für Zeitreisen auf eine Vielzahl von Faktoren zurückzuführen ist. Sie spiegelt die tief verwurzelte Neugierde des

Menschen wider, die Sehnsucht nach Flucht aus der Gegenwart, die Freude am Erforschen des Unmöglichen, die philosophischen Fragestellungen rund um Zeit und Realität sowie die kulturelle Präsenz in Kunst und Literatur. Diese Faszination überschreitet die Grenzen der Wissenschaft, Kunst und Philosophie und prägt unsere Vorstellungskraft, unser Denken und unsere Werte auf vielfältige Weise.

10.6 Die Bedeutung von Zeitreisen in Bildung und Aufklärung

Das Kapitel "Die Bedeutung von Zeitreisen in Bildung und Aufklärung" beleuchtet die Rolle und den Einfluss von Zeitreisen als pädagogisches und aufklärerisches Werkzeug in verschiedenen Bildungskontexten. Zeitreisen sind nicht nur ein faszinierendes Konzept in der Literatur, Filmindustrie und Kunst, sondern sie haben auch eine wichtige Bedeutung in der Bildung, da sie dazu beitragen können, komplexe wissenschaftliche, historische und philosophische Konzepte auf anschauliche und ansprechende Weise zu vermitteln.

Ein zentrales Merkmal von Zeitreisen in der Bildung ist ihre multidisziplinäre Natur. Sie ermöglichen es, verschiedene Wissensbereiche wie Physik, Geschichte, Philosophie und Ethik miteinander zu verknüpfen. Durch die Einbindung von Zeitreisen in den Lehrplan können Schülerinnen und Schüler lernen, wie diese Disziplinen miteinander verwoben sind und wie sie sich gegenseitig beeinflussen. Dies fördert ein umfassenderes Verständnis der Welt und ermutigt zum interdisziplinären Denken.

In der Physik können Zeitreisen als Mittel dienen, um die komplexen Konzepte der Relativitätstheorie und Quantenphysik zu veranschaulichen. Durch Gedankenexperimente können Schülerinnen und Schüler die Ideen von Zeitdilatation, Raumzeitkrümmung und Paralleluniversen besser erfassen. Dieses visuelle Verständnis kann dazu beitragen, das Interesse an Naturwissenschaften zu wecken und die Scheu vor abstrakten Theorien abzubauen.

In der Geschichtsvermittlung bieten Zeitreisen eine einzigartige Möglichkeit, historische Ereignisse lebendig werden zu lassen. Schülerinnen und Schüler können in die Vergangenheit reisen und historische Epochen aus erster Hand erleben. Dies schafft eine stärkere emotionale Verbindung zu Geschichte und Kultur und fördert das kritische Denken über historische Abläufe und Entscheidungen.

Darüber hinaus können Zeitreisen als Werkzeug zur Förderung ethischer Überlegungen dienen. Schülerinnen und Schüler können in die Rolle von Zeitreisenden schlüpfen und Entscheidungen treffen, die Auswirkungen auf die Vergangenheit, Gegenwart und Zukunft haben. Dies ermöglicht Diskussionen über die Konsequenzen von Handlungen, die ethische Dilemmata und Verantwortung aufwerfen. Solche Diskussionen fördern moralisches Denken und die Entwicklung von kritischem Urteilsvermögen.

Die Verwendung von Zeitreisen in der Bildung kann auch dazu beitragen, das wissenschaftliche Denken zu fördern. Schülerinnen und Schüler werden ermutigt, Hypothesen aufzustellen, Experimente zu entwerfen und kreative Lösungsansätze für scheinbar unlösbare Probleme zu finden. Dies entwickelt nicht nur ihre kognitiven Fähigkeiten, sondern auch ihre Fähigkeit, im Team zu arbeiten und innovativ zu denken.

In der modernen Gesellschaft, die von Technologie geprägt ist, kann die Einbindung von Zeitreisen in den Bildungsbereich das Interesse an STEM-Fächern (Naturwissenschaften, Technologie, Ingenieurwissenschaften und Mathematik) fördern. Durch die Verbindung von faszinierenden Konzepten mit Technologie und Wissenschaft können Schülerinnen und Schüler ermutigt werden, eine Karriere in diesen Bereichen anzustreben.

Auch außerhalb des klassischen Bildungssystems können Zeitreisen als pädagogisches Werkzeug dienen. Museen, Science Centers und Bildungseinrichtungen können interaktive Ausstellungen und Workshops gestalten, die die Prinzipien von

Zeitreisen aufgreifen. Diese interaktiven Erfahrungen ermöglichen es den Besuchern, komplexe Konzepte auf unterhaltsame und greifbare Weise zu erkunden.

Die Rolle von Zeitreisen in der Aufklärung geht jedoch über die Vermittlung von wissenschaftlichen und historischen Inhalten hinaus. Zeitreisen können dazu beitragen, kritisches Denken und Fantasie zu fördern. Indem sie dazu ermutigen, über die Grenzen der bekannten Realität hinauszudenken, können sie die Vorstellungskraft anregen und den Horizont erweitern. Dies trägt dazu bei, ein tieferes Verständnis für die Komplexität der Welt und die vielfältigen Möglichkeiten des Denkens zu entwickeln.

Zusammenfassend zeigt die Betrachtung der Bedeutung von Zeitreisen in Bildung und Aufklärung, dass sie weit mehr sind als nur faszinierende Konzepte aus der Fiktion. Sie können als effektive Werkzeuge zur Vermittlung komplexer Inhalte in verschiedenen Disziplinen dienen. Die multidisziplinäre Natur von Zeitreisen ermöglicht es, verschiedene Wissensbereiche miteinander zu verknüpfen und ein ganzheitliches Verständnis der Welt zu fördern. Darüber hinaus fördern Zeitreisen kritisches Denken, ethische Überlegungen und interdisziplinäres Denken. Sie bieten eine einzigartige Möglichkeit, abstrakte Theorien greifbar zu machen und das Interesse an Wissenschaft, Geschichte und Philosophie zu wecken. In einer zunehmend technologieorientierten Welt können Zeitreisen dazu beitragen, das Interesse an STEM-Fächern zu fördern und die nächste Generation von Forschern, Denkern und Innovatoren zu inspirieren.

10.7 Die Zukunft der Raumfahrttechnologie und ihre Auswirkungen

Das Kapitel "Die Zukunft der Raumfahrttechnologie und ihre Auswirkungen" wirft einen Blick auf die sich entwickelnde Raumfahrttechnologie und ihre potenziellen Auswirkungen auf das Konzept der Zeitreisen. Angesichts der raschen Fortschritte in der Raumfahrt eröffnen sich neue Möglichkeiten für die Erkundung des Universums und die Realisierung von Visionen, die einst der

Science-Fiction vorbehalten waren. Diese Entwicklungen werfen auch Fragen auf, wie Raumfahrttechnologie das Konzept der Zeitmanipulation beeinflussen könnte.

In den letzten Jahrzehnten hat die Raumfahrt enorme Fortschritte gemacht. Reisen zu anderen Planeten, Sonden, die den Rand des Sonnensystems erreichen, und private Raumfahrtunternehmen, die kommerzielle Raumflüge ermöglichen, sind nur einige Beispiele dafür. Diese Fortschritte werfen die Möglichkeit auf, dass wir eines Tages in der Lage sein könnten, interstellare Reisen zu unternehmen und ferne Planeten zu besiedeln.

Die Idee der Raumfaltung oder des Warpantriebs, die in der Science-Fiction populär ist, könnte möglicherweise auch in der realen Raumfahrttechnologie Anwendung finden. Die Theorie besagt, dass es möglich sein könnte, den Raum um ein Raumfahrzeug herum zu krümmen, was eine Art "Wurmloch" erzeugen würde, das es dem Raumfahrzeug ermöglichen würde, große Entfernungen in kürzester Zeit zurückzulegen. Obwohl dies derzeit noch spekulativ ist, zeigen Fortschritte in der Theoretischen Physik, dass die Möglichkeit solcher Technologien nicht völlig ausgeschlossen ist.

Ein weiterer Bereich der Raumfahrttechnologie, der für das Konzept der Zeitreisen relevant sein könnte, ist die Erkenntnis von Schwarzen Löchern als potenzielle natürliche Zeitmaschinen. Die Raumzeitkrümmung um Schwarze Löcher kann zu Zeitdilatation führen, wodurch die Zeit für Beobachter nahe dem Ereignishorizont langsamer vergeht als für Beobachter in weiter entfernten Regionen des Universums. Theoretisch könnten Raumfahrzeuge in die Nähe eines Schwarzen Lochs reisen, um von den relativistischen Effekten der Zeitdilatation zu profitieren. Dies könnte zu einer Art "Zeitsprung" führen, bei dem die Crew eines Raumfahrzeugs in die Zukunft reist.

Allerdings sind solche Vorstellungen mit erheblichen Herausforderungen verbunden. Die enormen Energien und

Ressourcen, die für interstellare Reisen und das Manövrieren um Schwarze Löcher erforderlich wären, sind derzeit jenseits unserer technologischen Fähigkeiten. Zudem birgt das Nähern an Schwarze Löcher auch erhebliche Gefahren, wie beispielsweise die Möglichkeit, von der extremen Gravitation des Schwarzen Lochs verschlungen zu werden.

Ein wichtiger Aspekt, der bei der Diskussion über die Zukunft der Raumfahrttechnologie und Zeitreisen berücksichtigt werden muss, ist die Ethik. Die Erforschung des Weltraums und die potenzielle Fähigkeit zur Zeitmanipulation werfen ethische Fragen auf, insbesondere in Bezug auf die Verantwortung und Auswirkungen auf andere Lebensformen im Universum. Die Technologie zur Zeitmanipulation könnte erhebliche Konsequenzen für die Raumzeit und die umgebende Umwelt haben, was zu unvorhersehbaren Effekten führen könnte.

Die Auswirkungen der Raumfahrttechnologie auf das Konzept der Zeitreisen haben auch soziale und kulturelle Implikationen. Die Möglichkeit, interstellare Reisen zu unternehmen oder in der Nähe von Schwarzen Löchern zu agieren, könnte unsere Vorstellung von Raum und Zeit grundlegend verändern. Dies könnte zu neuen philosophischen Diskussionen über die Natur der Realität, die Existenz von Paralleluniversen und die Rolle von Zeit in unserem Verständnis des Universums führen.

Die Fortschritte in der Raumfahrttechnologie könnten auch die Populärkultur weiter beeinflussen, ähnlich wie in der Vergangenheit. Filme, Bücher und andere kreative Werke könnten von den wissenschaftlichen Entwicklungen inspiriert werden und neue Geschichten über Raumfahrt und Zeitreisen erzählen. Diese kulturellen Darstellungen könnten wiederum dazu beitragen, das Interesse der Öffentlichkeit an Wissenschaft und Forschung zu wecken.

Insgesamt ist die Zukunft der Raumfahrttechnologie und ihre Auswirkungen auf das Konzept der Zeitreisen ein faszinierendes und multidimensionales Thema. Die Vorstellung, dass wir eines Tages in der Lage sein könnten, durch Raum und Zeit zu reisen, bleibt ein starkes Motiv für Wissenschaft, Technologie, Philosophie und Kultur. Die Erkenntnisse aus der theoretischen Physik und der Raumfahrttechnologie könnten schließlich unsere Vorstellung von Realität und Zeit grundlegend verändern. Es bleibt abzuwarten, wie sich die Technologie entwickeln wird und welche neuen Erkenntnisse und Möglichkeiten sie in Bezug auf Zeitreisen mit sich bringen wird.

Diese umfassende Zusammenfassung des Buches beleuchtet die vielfältigen Aspekte von Zeitreisen aus verschiedenen wissenschaftlichen, philosophischen, kulturellen und technologischen Blickwinkeln. Es zeigt auf, wie das Konzept der Zeitreisen nicht nur eine faszinierende Idee aus der Science-Fiction ist, sondern auch in der Wissenschaft und Philosophie tief verwurzelt ist. Die Reflexionen über Zeitreisen eröffnen ein tieferes Verständnis der Natur der Zeit, der Raumzeit und der menschlichen Vorstellungskraft.

10.8 Zeitreisen als Weg zur Erweiterung der menschlichen Horizonte

Die Erweiterung der menschlichen Horizonte durch Zeitreisen ist ein zentrales Thema, das in diesem Buch behandelt wird. Diese Zusammenfassung widmet sich der Bedeutung von Zeitreisen als Mittel zur Erweiterung des menschlichen Wissens, der Erfahrungen und der Vorstellungskraft. Zeitreisen repräsentieren nicht nur eine faszinierende Möglichkeit, die Grenzen der Raumzeit zu überwinden, sondern sie haben auch das Potenzial, unser Verständnis der Welt um uns herum auf revolutionäre Weise zu verändern.

Ein wichtiger Aspekt, der in diesem Zusammenhang behandelt wird, ist die Verbindung zwischen Zeitreisen und Bildung. Die Möglichkeit, in die Vergangenheit oder die Zukunft zu reisen, könnte ein leistungsfähiges pädagogisches Werkzeug sein. Studierende könnten historische Ereignisse aus erster Hand erleben oder in die ferne Zukunft schauen, um die Auswirkungen der heutigen Entscheidungen auf kommende Generationen zu verstehen. Dies würde nicht nur das Interesse an Wissenschaft und Geschichte fördern, sondern auch ein tiefes Verständnis für die Zusammenhänge zwischen vergangenen, gegenwärtigen und zukünftigen Ereignissen vermitteln.

Zeitreisen könnten auch dazu dienen, verschiedene kulturelle Perspektiven zu vermitteln. Indem Menschen in der Lage wären, in vergangene Epochen oder in verschiedene Regionen der Welt zu reisen, könnten sie die Vielfalt der menschlichen Geschichte und Kultur aus erster Hand erleben. Dies könnte zu einem breiteren Verständnis und einer größeren Toleranz gegenüber verschiedenen Kulturen und Lebensweisen führen.

Darüber hinaus könnten Zeitreisen auch die Wissenschaft revolutionieren. Forscher könnten historische Ereignisse beobachten und überprüfen, Theorien in Echtzeit testen und sogar unmittelbare Einblicke in die Entstehung und Entwicklung des Universums gewinnen. Dies könnte zu bahnbrechenden Entdeckungen und Fortschritten in verschiedenen wissenschaftlichen Disziplinen führen, von der Physik über die Biologie bis hin zur Astronomie.

Ein weiteres Potenzial von Zeitreisen ist die Erweiterung der menschlichen Vorstellungskraft. Die Möglichkeit, durch die Zeit zu reisen, regt die Kreativität an und ermutigt die Menschen, über die Grenzen des Möglichen hinauszudenken. Dies könnte zu neuen Formen der Kunst, Literatur und Kultur führen, die von den Möglichkeiten der Zeitmanipulation inspiriert sind. Künstler könnten alternative Realitäten erkunden, Zukunftsszenarien malen und alternative Geschichtsverläufe gestalten.

Zeitreisen könnten auch eine bedeutende Rolle bei der Lösung von Herausforderungen und Problemen der Gegenwart spielen. Indem wir in die Zukunft reisen könnten, könnten wir möglicherweise Erkenntnisse darüber gewinnen, wie sich bestimmte

Entscheidungen oder Entwicklungen auswirken würden. Dies könnte dazu beitragen, bessere Entscheidungen zu treffen und nachhaltigere Lösungen für globale Probleme wie den Klimawandel, die Ressourcenknappheit oder soziale Ungleichheit zu entwickeln.

Allerdings birgt die Erweiterung der menschlichen Horizonte durch Zeitreisen auch Herausforderungen und ethische Fragestellungen. Die Möglichkeit, in die Vergangenheit oder die Zukunft zu reisen, könnte zu paradoxen Situationen führen und die Kausalität beeinflussen. Dies wirft Fragen nach der Verantwortung und den Konsequenzen von Zeitreisen auf. Die Technologie zur Zeitmanipulation könnte auch missbraucht werden, um historische Ereignisse zu verändern oder zukünftige Entwicklungen zu manipulieren, was zu unvorhersehbaren und potenziell negativen Auswirkungen führen könnte.

Ein weiterer Aspekt, der berücksichtigt werden muss, ist die Auswirkung von Zeitreisen auf das individuelle und kollektive Bewusstsein. Die Fähigkeit, in verschiedene Zeitperioden zu reisen, könnte unsere Vorstellung von Identität, Selbstwahrnehmung und menschlicher Existenz verändern. Die Frage nach der Kontinuität des Selbst über verschiedene Zeitpunkte hinweg wird zu einer zentralen Überlegung.

Insgesamt sind Zeitreisen ein faszinierendes Konzept, das weit über die Grenzen der Wissenschaft hinausgeht. Die Erweiterung der menschlichen Horizonte durch Zeitreisen hat das Potenzial, unsere Gesellschaft, Kultur, Wissenschaft und Ethik auf bahnbrechende Weise zu beeinflussen. Es eröffnet neue Möglichkeiten für Bildung, Forschung, Kreativität und Problemlösung. Gleichzeitig müssen jedoch die damit verbundenen ethischen und philosophischen Fragestellungen sorgfältig berücksichtigt werden.

In einer Welt, die von ständigem Fortschritt und Innovation geprägt ist, könnten Zeitreisen eine der aufregendsten Möglichkeiten sein, die uns in der Zukunft erwarten. Die Fortschritte in der theoretischen Physik, der Raumfahrttechnologie und der Quantenmechanik könnten uns schließlich in die Lage versetzen, die Geheimnisse der Zeit zu ergründen und die Grenzen der Raumzeit zu überwinden. Dies würde nicht nur unsere wissenschaftliche Erkenntnis erweitern, sondern auch unsere menschliche Vorstellungskraft und unser Streben nach Wissen und Verständnis stärken.

10.9 Die Rolle der Gesellschaft in der Gestaltung der Zukunft der Zeitmanipulation

Die Rolle der Gesellschaft in der Gestaltung der Zukunft der Zeitmanipulation ist von entscheidender Bedeutung, da diese Technologie nicht nur wissenschaftliche und technologische Implikationen hat, sondern auch soziale, kulturelle, ethische und politische Auswirkungen auf unsere Gesellschaft haben kann. Diese Zusammenfassung beleuchtet die vielfältigen Aspekte der gesellschaftlichen Beteiligung an der Entwicklung und Nutzung von Zeitreisen.

Die Einführung von Zeitreisen würde zweifellos eine breite Palette von gesellschaftlichen Akteuren betreffen, darunter Wissenschaftler, Politiker, Ethiker, Künstler, Pädagogen und die breite Öffentlichkeit. Die Zusammenarbeit und der Dialog zwischen diesen Gruppen sind unerlässlich, um die vielfältigen Fragen und Herausforderungen, die mit Zeitmanipulation einhergehen, umfassend zu bewerten.

Wissenschaftler und Forscher spielen eine zentrale Rolle bei der Entwicklung der notwendigen Technologien und Theorien für Zeitreisen. Ihre Arbeit wird den Fortschritt auf diesem Gebiet vorantreiben, aber auch ethische und sicherheitsrelevante Überlegungen einbeziehen müssen. Eine transparente und verantwortungsvolle Forschung ist unerlässlich, um mögliche Risiken und unerwartete Konsequenzen frühzeitig zu erkennen.

Die politische Dimension der Zeitmanipulation ist ebenfalls von großer Bedeutung. Gesetze, Regulierungen und internationale

Vereinbarungen müssen entwickelt werden, um den Einsatz von Zeitreisen zu steuern und zu kontrollieren. Die Frage der Kontrolle und des Zugangs zu dieser Technologie wird politische Debatten prägen, da sie weitreichende Auswirkungen auf Sicherheit, Gerechtigkeit und Souveränität haben könnte.

Die ethischen Aspekte von Zeitreisen sind äußerst komplex. Die Möglichkeit, in die Vergangenheit einzugreifen oder die Zukunft zu beeinflussen, wirft Fragen nach Verantwortung, Gerechtigkeit und den möglichen Konsequenzen auf. Die Gesellschaft muss einen ethischen Rahmen entwickeln, der sicherstellt, dass Zeitreisen zum Wohl der Menschheit eingesetzt werden und nicht zu Schaden führen.

Die Bildung spielt eine wichtige Rolle bei der Gestaltung der Zukunft der Zeitmanipulation. Eine umfassende Bildung über die wissenschaftlichen Grundlagen, ethischen Überlegungen und kulturellen Auswirkungen von Zeitreisen ist unerlässlich, um die breite Öffentlichkeit für dieses Thema zu sensibilisieren. Dies wird nicht nur dazu beitragen, Missverständnisse und Ängste abzubauen, sondern auch dazu, eine informierte und verantwortungsbewusste Diskussion zu fördern.

Die kulturelle Dimension von Zeitreisen ist ebenfalls von großer Bedeutung. Zeitreisen haben seit langem die menschliche Vorstellungskraft und Kreativität inspiriert, von literarischen Werken über Filme bis hin zur Kunst. Die Gesellschaft hat die Möglichkeit, diese kulturellen Ausdrucksformen zu nutzen, um unterschiedliche Perspektiven auf Zeitmanipulation zu erkunden und kritisch zu reflektieren.

Die gesellschaftliche Beteiligung an der Gestaltung der Zukunft der Zeitmanipulation erfordert auch eine breite Akzeptanz und Unterstützung von Seiten der Bevölkerung. Die Menschen müssen über die Potenziale und Herausforderungen von Zeitreisen informiert sein und das Vertrauen haben, dass diese Technologie verantwortungsvoll und zum Wohl der Gesellschaft eingesetzt wird.

Die Medien können eine wichtige Rolle bei der Vermittlung von Informationen und der Förderung eines offenen und sachlichen Dialogs spielen.

Zusätzlich zur technologischen Entwicklung und den wissenschaftlichen Fortschritten müssen auch Bildungsprogramme, öffentliche Diskussionen, Ethikkommissionen und internationale Zusammenarbeit gefördert werden. Die Gestaltung der Zukunft der Zeitmanipulation erfordert eine interdisziplinäre Herangehensweise, die unterschiedliche Perspektiven und Expertisen miteinander verknüpft.

Es ist wichtig anzuerkennen, dass die Gestaltung der Zukunft der Zeitmanipulation ein fortlaufender Prozess ist, der sich im Laufe der Zeit entwickeln wird. Die Technologie und unser Verständnis von Zeitreisen werden sich weiterentwickeln, und somit werden auch die gesellschaftlichen Debatten, Regulierungen und Anwendungen. Die Gesellschaft muss flexibel und anpassungsfähig sein, um auf neue Entwicklungen und Herausforderungen angemessen reagieren zu können.

Abschließend lässt sich sagen, dass die Rolle der Gesellschaft in der Gestaltung der Zukunft der Zeitmanipulation von entscheidender Bedeutung ist. Die vielfältigen Aspekte dieses Themas erfordern eine umfassende Beteiligung und einen offenen Dialog zwischen Wissenschaftlern, Politikern, Ethikern, Künstlern, Pädagogen und der Öffentlichkeit. Nur durch eine ganzheitliche Betrachtung und eine verantwortungsbewusste Herangehensweise können wir sicherstellen, dass Zeitreisen in einer Weise entwickelt und genutzt werden, die das Wohl der Menschheit fördert und ethische Prinzipien respektiert. Die Zukunft der Zeitmanipulation liegt in unseren Händen, und es liegt an uns, sie verantwortungsbewusst und nachhaltig zu gestalten.

10.10 Die ungelösten Rätsel der Zeit: Offene Fragen und Perspektiven

Die ungelösten Rätsel der Zeit sind ein faszinierendes und zugleich herausforderndes Thema, das die Grenzen unserer gegenwärtigen wissenschaftlichen Erkenntnisse und unseres Verständnisses von Raum und Zeit aufzeigt. Diese Zusammenfassung widmet sich den offenen Fragen und Perspektiven im Kontext der Zeitmanipulation, die weiterhin Wissenschaftler, Forscher und Denker auf der ganzen Welt beschäftigen.

Die erste offene Frage betrifft die Natur der Zeit selbst. Trotz der enormen Fortschritte in der theoretischen Physik gibt es immer noch keine einheitliche Definition der Zeit. Ist sie eine fundamentale Größe des Universums oder entsteht sie aus anderen physikalischen Prozessen? Diese Frage geht tief in die Ontologie der Zeit und stellt uns vor die Herausforderung, unser grundlegendes Verständnis von Realität zu überdenken.

Ein weiteres Rätsel ist die Frage nach der Möglichkeit von Zeitreisen in die Vergangenheit. Die klassische Vorstellung von Zeitreisen wirft das berühmte Großvaterparadoxon auf: Wenn jemand in die Vergangenheit reist und seine eigene Großmutter tötet, wie ist es dann möglich, dass er überhaupt existiert, um diese Aktion durchzuführen? Die Lösung dieses Paradoxons ist nach wie vor eine offene Frage und könnte tiefgreifende Auswirkungen auf unser Verständnis von Kausalität und Determinismus haben.

Ein wichtiger Aspekt der Zeitreisen ist auch die Möglichkeit von Paralleluniversen und Multiversen. Die Idee, dass unsere Entscheidungen in unterschiedlichen Zweigen der Realität zu verschiedenen Ergebnissen führen könnten, wirft die Frage auf, wie solche Universen miteinander in Beziehung stehen und wie wir sie möglicherweise erkennen könnten. Diese Frage berührt nicht nur die Physik, sondern auch philosophische und metaphysische Überlegungen.

Die Verbindung zwischen Zeit und Bewusstsein ist ebenfalls ein ungelöstes Rätsel. Wie erleben wir Zeit? Warum nehmen wir sie als eine gerichtete Abfolge von Ereignissen wahr? Diese Fragen führen zu Diskussionen über die Natur des Bewusstseins und seine Beziehung zur Raumzeit. Ein tieferes Verständnis dieser Verbindung könnte dazu beitragen, unsere Wahrnehmung der Zeit besser zu erklären.

Die Quantenmechanik wirft ihre eigenen Fragen in Bezug auf Zeit auf. Die Quantenverschränkung und die Idee der Nichtlokalität deuten darauf hin, dass Informationen und Zustände möglicherweise schneller als mit Lichtgeschwindigkeit übertragen werden könnten. Dies wirft die Frage auf, ob es möglicherweise subtile Verbindungen zwischen Raumzeit und Quantenmechanik gibt, die in Zukunft zu neuen Einsichten in die Zeit führen könnten.

Die Rolle von schwarzen Löchern als potenzielle Zeitmaschinen ist ein weiteres ungelöstes Rätsel. Schwarze Löcher sind Orte extremer Raumzeitkrümmung, die die Möglichkeit von Zeitreisen in ihre Nähe eröffnen könnten. Doch wie könnten diese Mechanismen tatsächlich funktionieren? Können wir schwarze Löcher als Portale nutzen, um in andere Zeiten oder Universen zu gelangen?

Die Vereinheitlichung der Relativitätstheorie und der Quantenmechanik ist eines der großen Ziele der modernen Physik. Eine solche Theorie könnte uns nicht nur dabei helfen, die physikalischen Gesetze im Universum zu verstehen, sondern auch dazu führen, dass wir einige der offenen Fragen in Bezug auf Zeitreisen lösen können. Die Entwicklung einer Theorie der Quantengravitation könnte uns neue Erkenntnisse über die Natur der Raumzeit und der Zeit selbst bringen.

Die ethischen Implikationen von Zeitreisen sind ebenfalls ungelöste Fragen, die eng mit der Philosophie und den sozialen Wissenschaften verbunden sind. Wie sollten wir mit der Möglichkeit umgehen, die Vergangenheit zu ändern? Welche Verantwortung haben wir gegenüber den Auswirkungen unserer Handlungen auf die Zukunft? Diese Fragen werfen ein Licht auf die moralischen und ethischen Herausforderungen, denen wir uns stellen müssen, wenn Zeitreisen eine reale Möglichkeit werden.

In Bezug auf Technologie und Umsetzbarkeit gibt es ebenfalls viele ungelöste Fragen. Die theoretischen Konzepte von Wurmlöchern, Raumfaltung und Exotischer Materie werfen die Frage auf, ob solche Technologien jemals realisiert werden können und welche Herausforderungen auf dem Weg dorthin überwunden werden müssen. Die Energieanforderungen, die Stabilität von Wurmlöchern und die Suche nach negativer Energie sind nur einige der technischen Aspekte, die noch erforscht werden müssen.

Die Reflexion der Gesellschaft in zeitbezogenen Erzählungen, sei es in Literatur, Film, Kunst oder Musik, ist ein offenes Feld, das immer wieder neue Perspektiven auf die Zeit eröffnet. Die Popkultur prägt unser Verständnis und unsere Vorstellungskraft von Zeitreisen und beeinflusst wiederum wissenschaftliche Diskussionen. Die Art und Weise, wie Zeitreisen in der Popkultur dargestellt werden, spiegelt unsere Ängste, Hoffnungen und Träume wider und prägt somit auch die zukünftige Forschung und Entwicklung auf diesem Gebiet.

Die Zukunft der Zeitmanipulation liegt in der Hand der kommenden Generationen von Wissenschaftlern, Denkern, Künstlern und der Gesellschaft als Ganzes. Offene Fragen und ungelöste Rätsel werden weiterhin die treibende Kraft für Forschung, Innovation und intellektuellen Austausch sein. Das Streben nach einem tieferen Verständnis der Zeit wird unser Weltbild und unsere Fähigkeit, die Natur zu verstehen und zu gestalten, weiterhin prägen. Die offenen Fragen und Perspektiven, die in dieser Zusammenfassung behandelt wurden, laden dazu ein, die Grenzen unseres Wissens zu erweitern und die faszinierende Reise durch die Zeit und Raum fortzusetzen.

ENDE